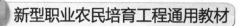

新型职业农民培育工程通用教材

互联网+现代农业

◎梅 瑞 主编

中国农业科学技术出版社

图书在版编目（CIP）数据

互联网+现代农业 / 梅瑞主编．—北京：中国农业科学技术出版社，2017.7（2022.6 重印）

ISBN 978-7-5116-3144-2

Ⅰ.①互… Ⅱ.①梅… Ⅲ.①互联网络-应用-现代农业-研究 Ⅳ.①F303.3-39

中国版本图书馆 CIP 数据核字（2017）第 148738 号

责任编辑 姚 欢
责任校对 马广洋

出 版 者 中国农业科学技术出版社
北京市中关村南大街 12 号 邮编：100081
电 话 (010)82106631(编辑室) (010)82109702(发行部)
(010)82109709(读者服务部)
传 真 (010)82106631
网 址 http://www.castp.cn
经 销 者 各地新华书店
印 刷 者 北京捷迅佳彩印刷有限公司
开 本 850mm×1168mm 1/32
印 张 8.75
字 数 252 千字
版 次 2017 年 7 月第 1 版 2022 年 6 月第 5 次印刷
定 价 33.00 元

《互联网+现代农业》

编　委　会

前言

2016年中共中央国务院一号文件提出，“大力推进‘互联网+’现代农业，应用物联网、云计算、大数据、移动互联等现代信息技术，推动农业全产业链改造升级。”为有力有序有效推进“互联网+”现代农业行动，加强农业与信息技术融合，提高农业信息化水平，引领驱动农业现代化加快发展，农业部、国家发展和改革委员会、中央网络安全和信息化领导小组办公室、科学技术部、商务部、国家质量监督检验检疫总局、国家食品药品监督管理总局、国家林业局共同研究制定了《“互联网+”现代农业三年行动实施方案》。

“互联网+”代表着现代农业发展的新方向、新趋势，也为转变农业发展方式提供了新路径、新方法。“互联网+农业”是一种生产方式、产业模式与经营手段的创新，通过便利化、实时化、物联化、智能化等手段，对农业的生产、经营、管理、服务等农业产业链环节产生了深远影响，为农业现代化发展提供了新动力。以“互联网+农业”为驱动，有助于发展智慧农业、精细农业、高效农业、绿色农业，提高农业质量效益和竞争力，实现由传统农业向现代农业转型。

本书从认识“互联网+”入笔，在详细阐述农业生产、农业监管、农业服务、农业电商等的基础上，重点介绍运用互联网思维、电子商务模式、信息化手段来改造和提升传统农业，通过案例分析，进一步探讨“互联网+”背景下现代农业新模式，提供一个全新的现代农业发展思路。

本书语言通俗易懂，实用性强，适合广大新型职业农民、基层农技人员学习参考，可以作为农业科技人员培训教材，也可以供农业农村管理部门及农业农村信息综合服务机构参考使用。

由于编者的水平和能力有限，书中错误或不妥之处在所难免，恳请同行和读者批评指正，以便今后不断改正和完善。

编　者

2017 年 5 月

目　录

第一章　互联网+现代农业：开启农业新时代

第一节　认识“互联网+”

一、“互联网+”的提出背景

什么是“互联网+”呢？通俗地来说，就是传统企业+互联网，但不是简单的相加，而是利用信息技术及互联网平台进行融合，创建新的发展生态。2015年3月5日，第十二届全国人民代表大会第三次会议上，国务院总理李克强在政府工作报告中提出“互联网+”行动。7月1日，《国务院关于积极推进“互联网+”行动的指导意见》出台，一场轰轰烈烈的多产业融合战役开始打响。

1. 新一代信息技术应用日益成熟

2008年IBM提出“智慧地球”概念以来，物联网技术、云计算技术、移动宽带以及大数据等新一代信息技术先后快速进入信息化建设领域。在新一代信息技术的作用下，信息化建设架构、业务系统建设方式、基础设施建设等都发生了重大变化，新一代信息技术极大地拓展了信息化作用范围与形式。

2. 电子商务成为信息化主导力量

近年来，电子商务取代电子政务，成为信息化主要驱动力量，中国成为世界第一电子商务大国。电子商务为经济发展提供了大三样：电商平台、现代物流、第三方支付，这三样工具为“大众创业、万众创新”提供了基础工具。

3. 中国经济进入新常态

中国经济进入高速增长时期，产业结构转型升级已经到了紧要关头，劳动密集型发展思路已经面临严峻挑战，东部沿海地区出现企业倒闭潮，部分企业迁往东南亚。发达国家在工业化以及第三次工业革命后对我国产业发展与出口构成严峻挑战，部分行业企业回流。

4. 信息化迫切需要吹响新的集结号

德国工业 4.0，美国通用电气（GE）“工业互联网”对我国国际竞争力带来严峻挑战。出台“中国制造 2025”规划，突出先进制造和高端装备，部署十大领域，加快制造强国建设。同时，“两化融合”深度不够，信息化亟待新的集结号，以加速“中国制造”向“中国智造”的转变。

二、“互联网+”的内涵与外延

19 世纪中叶，蒸汽机的诞生推动了发明和使用机器的热潮，给世界带来第一次工业革命，使手工业也渐渐淡出了历史的舞台。19 世纪晚期，发电机和电动机的发明，推动了电力的广泛应用，造就了第二次工业革命。20 世纪中叶，互联网诞生，它与电脑的结合，实现了信息互联，尤其是 20 世纪末，手机等移动终端和互联网的结合，产生了移动互联网，真正实现了人与人、人与物、物与物的全面联通，成为“聚合世界，连接一切”的纽带。有理由相信，“互联网+”将会如“蒸汽机+”和“电力+”一样，引发深刻的科技革命与产业革命。

互联网发展到今天，就是人类社会、计算机、物理世界的三元融合。信息服务进入普惠计算机时代，人类进入信息时代，这是划时代的大事。在工业社会时代，蒸汽机、电力解放人们的手脚，从而提高了生产效率，解放了生产力；在信息社会时代，互联网解放人的大脑，更进一步促使生产力发展。现在，人们手握一个智能终端，随时随地可以获得一个所需的解决方案。随着语音识别及语音输入的应用，人类与计算机联动更紧密，人类生产活动更方便灵活。互联网有数字化、虚拟性、在线交互、即时通信、全球服务性、个性化的特征，以及信息存储使用便利性等等的特征。互联网涉及人们衣食住行，涉及社会管理、政务服务、公共服务，涉及社会生产、农业生产、水肥虫灾监控管理，涉及工业产品的生产方式及产品转型升级等等。云计算信息服务的特点，就是基于互联网的管控高度集中，信息处理方式分散，服务高度离散，真正以人为本地满足消费者需求。

“互联网+”的应用主要依赖于移动互联网、物联网、云计算、大数据等核心技术。

1. 移动互联网

最早的互联网，是以电脑为载体进行应用的，但是因为电脑的体积大、场所固定限制了互联网应用的功能和人群。随着手机技术的发展，尤其是设备处理能力的增强、电池寿命的延长、网络速度的提高以及屏幕尺寸的加大，使手机开始逐步取代电脑，成为互联网应用的主战场。事实上，如今的智能手机，本身就接近于一台电脑，只不过可以移动，而且比笔记本电脑更小，更方便携带。于是，通过智能手机，所有的人都被连接进互联网，从而构建了人与人之间的移动互联。

2. 物联网

互联网实现了万物相连。其中，对人和人之间的联系是通过手机，而对物与物之间、人与物之间的联系，则是通过物联网。“物联网”就是使物体和物体相联结的网络体系。这种联结，是通过将物品的位置、状态等相关信息数据化，再依托信息传感设备将这些数据实时上传至互联网，实现对物品的智能化识别、地理位置确定、寻觅踪迹、监视控制等管理。比如，在汽车里安装一个定位系统，然后接入互联网，这样就能随时知道汽车的运行状态和具体位置，这里所应用的就是物联网，而定位系统的一个核心部件就是感应器。

3. 云计算

“云”是对互联网的一种比喻。“云计算”是一种商业计算模型，可以对大量甚至海量数据进行分析处理。过去的计算，主要依托单台计算机进行，存储空间、计算能力都受到很大局限，而云计算则是通过大量计算机组建计算资源池，使互联网上的各种应用系统根据需要，从资源池中获取存储空间的计算力。这就像从前家里的取暖是依靠单家独户燃烧煤炭的方式，现在可以通过多个蒸汽锅炉实现各家各户的按需取暖。在这种方式下，计算能力其实已经演变成为一种商品化的流通，只不过其媒介是互联网。“云计算”的应用，得益于近年来在数据收集、存储能力和计算机处理能力方面的技术进步。在分布式计算机组成的计算资源池的支持下，用户只需要一部手机，就可以通过网络服务来开展所需的计算分析，甚至包括超级计算这样的任务，完成模拟核爆炸、预测气候变化和预测市场发展趋势等工作。

4. 大数据

“大”是指信息量的庞大，“数据”是指资料信息，“大数据”顾名思义是指对庞大的数据信息进行分析处理，用得到的经验规律来指导未来应用。大数据技术的应用，主要涉及四个环节：一是意识获取数据，通过信息化技术统计交易痕迹，自动获取数据信息。比如我们访问某个网站后，该网站会自动统计所浏览的时间和内容，这就是一组数据信息。二是存储数据，通过计算机后台存储系统，存储所收集到的所有数据信息。这就像用衣柜装衣服一样，数据量越大，对硬件的存储空间要求也就越大。过去，我们的“数据衣柜”不够大，对数据的存储能力不够，阻碍了大数据技术的发展。而现在，存储效率的提高，为大数据技术的应用提供了基础条件。三是分析数据，这就需要用到云计算技术。四是应用规律，就是用云计算所分析得出的规律，来预测和指导未来的工作。在应用大数据规律上有一个许多人都知道的经典案例：在德国，一家超市通过对大量顾客的购买行为进行分析，发现很多购买婴儿尿不湿的男性顾客，都会在购买尿不湿的时候顺便购买一些啤酒，于是，超市将啤酒和婴儿尿不湿放置在一起，这样就大大地提高了啤酒的销售量。

三、“互联网+”不等同于“+互联网”

互联网（英语：Internet），又称网际网络，或音译因特网、英特网，互联网始于1969年美国的阿帕网，是网络与网络之间所串连成的庞大网络，这些网络以一组通用的协议相连，形成逻辑上的单一巨大国际网络。通常internet泛指互联网，而Internet则特指因特网。这种将计算机网络互相联接在一起的方法可称作“网络互联”，在这基础上发展出覆盖全世界的全球性互联网络称互联网，即互相连接在一起的网络结构。互联网并不等同万维网，万维网只是一个建基于超文本相互链接而成的全球性系统，且是互联网所能提供的服务之一。

“互联网+”是一种产品形态，一种技术手段。它是媒体根据用户需求，对产品二次制作，从而催生新的产品形态，是对传统媒体换代升级，是本质性的创新与变革。全面推进“互联网+”战略，需要传统媒体植入互联网基因，明确转型升级的路径，实现经营理念、技术应用、信息内容、平台终端、经营管理、人才队伍的共享融通，并行并重。“互联网+”是信息技术和传统产业的“生态融合”，融合后的各个媒体，需要对产品及其形态进行全新定位。就传统媒体来说，要在数字时代保持竞争力，需要实现内容的差异化、独创性。“互联网+”不是自娱自乐，它强调用户体验，强调产品能否被用户接受。全媒体时代，新闻生产者不再是新闻价值的唯一判断者，广大受众也是参与者，他们的每一次分享和转发，就是对媒体产品价值的直接评判。媒体必须强化用户意识和服务意识，生产经营要从单纯的内容生产变为同时提供服务，要挖掘细分市场，收集用户信息，围绕用户体验和口碑，提供产品和服务，满足用户多样化和个性化的需求。“互联网+”是创新 2.0 下的互联网发展的新业态，是知识社会创新 2.0 推动下的互联网形态演进及其催生的经济社会发展新形态。“互联网+”是互联网思维的进一步实践成果，推动经济形态不断地发生演变，从而带动社会经济实体的生命力，为改革、创新、发展提供广阔的网络平台。“互联网+”成为时代潮流，它所产生的化学反应，不仅改变着人们的生活，也促进着经济转型升级。2014 年 8 月，中央《关于推动传统媒体和新兴媒体融合发展的指导意见》出台后，传统媒体加速了融合之路的探索，一系列“互联网+”行动计划正在成为生动实践。但有的地方媒体在认识上存在误区，认为运用了互联网工具就是“互联网+”，在操作上只是将新媒体与传统媒体简单相加，简单对接。“+互联网”不等于“互联网+”，媒体融合是一场广泛而深刻的“传播革命”，需要通过深度开发和体制创新，生产出有独特定位、用户喜欢的新闻及产品。

通俗的说，“互联网+”就是“互联网+各个传统行业”，但这并不是简单的两者相加，而是利用信息通信技术以及互联网平台，让互联网与传统行业进行深度融合，创造新的发展生态。它代表一种新的社会形态，即充分发挥互联网在社会资源配置中的优化和集成作用，将互联网的创新成果深度融合于经济、社会各个领域之中，提升全社会的创新力和生产力，形成更广泛的以互联网为基础设施和实现工具的经济发展新形态。

第二节　认识现代农业

一、现代农业的基本特征

现代农业是从工业革命以来形成的农业，是逐步走向商品化、市场化的农业。这一阶段，农业在市场经济框架下，广泛运用现代工业成果和科技、资本等现代生产要素，农业从业人员不断减少，但农业劳动者具有较多的现代科技和经营管理知识，农业生产经营活动逐步专业化、集约化、规模化，农业劳动生产率得到大幅度提高。其基本特征表现为：

1. 市场化程度日趋成熟

市场经济体制是现代农业发展的制度基础。在现代农业中，大部分活动在市场进行，农产品商品率高，利用剩余农产品向市场提供商品已不再是农户的目的。利润的多少成为评价经营成败的准则，生产基本是为了满足市场需要。满足市场的取向是现代农民采用新的农业技术、发展农业的动力源泉。在这一时期，产品生产的主要目的不在于自给，而在于为市场提供商品以实现利润最大化。市场机制在资源配置中起着主导作用，市场体系日益完善，农业从生产成果到手段普遍商品化，除了农业最终产品即各种农产品外，各种中间产品、劳务和消费品以及其他农业生产要素，包括各种农业机械、化学肥料、农用化学品、良种及兽医服务等，都进入农业交换领域，甚至农民的生活消费也普遍成为商品性消费，农产品商品率得到前所未有的提高，农业打破了内部物质循环的局限性进而实现物质的开放式循环，从自给农业发展为市场化农业。

2. 工业装备普遍采用

工业装备是现代农业的硬件支撑。随着现代工业的发展，农业生产各个环节和整个过程，逐步由播种机、脱粒机、饲草收割机、水利灌溉设备等现代机械取代人力畜力及手工工具。尤其是20世纪50年代以后，拖拉机和配套农具广泛使用，欧美的发达国家先后实现农业机械化、电气化、联合化。目前，农业机械与计算机、卫星遥感等技术结合，新型材料、节水设备和自动化设备应用于农业生产，农田水利化、农地园艺化、农业设施化以及交通运输、能源传输、信息通信等的网络化、现代化成为当代农业发展的基本趋势，本来是人类主要传统职业的农业，从欧洲较富足的国家开始，正在迅速变为一种越来越带科学特征的工业。

3. 先进科技广泛应用

先进的科技是现代农业发展的关键要素。19世纪中叶农业化学技术得到发展，欧洲率先突破只施用有机肥的传统，开始大量使用化肥；20世纪中叶部分国家进行了以杂交玉米、杂交小麦、杂交水稻为主的“绿色革命”；之后生物技术和信息技术也逐步渗透到农业种质资源、动植物育种、作物栽培、畜禽饲养、土壤肥料、植物保护等各个领域，农业科研的领域和范围不断扩大，农业生产的深度和广度不断拓展，农业的可控程度大大提高，出现了“精确农业”等全新的农业发展模式。农业增产的60%~80%依靠科技进步来实现。与科技运用相适应，农业劳动者素质也得到普遍提高，先进的科技不断从潜在生产力转化为现实生产力，正成为推动现代农业发展的强大动力。

现代农业越来越依赖不断发展的科技，先进的科学技术是现代农业的先导和发展动力。主要包括信息技术、生物技术、节水灌溉技术等农业高新技术，这些技术的应用使现代农业成为技术高度密集的产业，这些技术的使用可以提高单位农产品产量、改善农产品品质、减轻劳动强度、节约能耗和改善生态环境。

4. 产业体系日臻完善

完善的产业体系是现代农业的重要标志。与现代生产手段、生产技术相适应，农业发展突破了传统的产加销脱节、部门相互割裂、城乡界限明显等局限性，普遍通过农业公司、农业合作社带农户（家庭农场）等生产组织形式，使农产品的生产、加工、销售等各环节走向一体化，农业与工业、商业、金融、科技等不同领域相互融合，城乡经济社会协调发展，农业产业链条大大延伸，农产品市场半径大为拓展，逐步形成了农业专业化生产、企业化经营、社会化服务的格局。

现代农业实现了种养加、产供销、贸工农一体化的农业生产，农工商结合得更加紧密。实现了城乡经济社会一体化发展，实现了农产品区域优势布局、农产品贸易国内外流通的完善产业体系，将产前、中、后有机联系在一起。

5. 生态环境受到重视

注重农业经济与生态环境的协调发展，是现代农业发展的基本趋势。现代农业以化学物质的使用和能源（主要是石油）的大量消耗为开端，其发展虽然取得了巨大成就，但也带来了资源破坏、环境污染等突出问题。近年来，世界各国在农业发展中更加注重生态环境的治理与保护，重视土、肥、水、药和动力等生产资源投入的节约和使用的高效化，在应用自然科学新成果的基础上探索出“有机农业”“生态农业”等农业发展模式。农业的可持续发展已经受到广泛的关注和重视，正成为全球农业发展的新理念和新趋势。现代农业主张采用环保的农业科学技术，摒弃了使用化学农药等损害环境的方法，鼓励发展生态农业、循环农业、绿色农业。

在世界农业发展进程中，现代农业无论是在农业生产力发展还是在农业生产关系调整方面，都展示了渐进演变的历史过程，体现了现代农业的历史性；无论是在生产手段、生产技术还是在生产经营的组织管理方面都实现了整体进步，体现了现代农业的综合性；无论是在发展目标定位还是在基本路径选择方面，都反映了世界各国农业发展的趋势，体现了现代农业的世界性。正确认识和把握这些特点和规律，对加快建设现代农业具有重要的现实意义。

二、现代农业与传统农业的比较

当今中国需要解决的问题很多，但最重要最迫切且事关全局的大问题，是“三农”问题。没有现代化的农业就不可能建成现代化的中国，没有农村、农民的富裕就不可能有富强的中国。发展现代农业，富裕农村农民是社会主义改革和经济建设的重大、迫切而又十分艰巨的任务。

1. 传统农业的概念

美国著名经济学家西奥多·W·舒尔茨定义完全以农民世代使用的各种生产要素为基础的农业可称为传统农业。美国农业经济学家史蒂文斯和杰巴拉指出：“传统农业可定义为这样一种农业，在这种农业中，使用的技术是通过那些缺乏科学技术知识的农民对自然界的敏锐观察而发展起来的，建立在本地区农业的多年经验观察基础上的农业技术是一种农业艺术，它通过口授和示范从一代传到下一代”。传统农业是相对于现代农业的一个动态的概念。

2. 现代农业的概念

现代农业是一个动态的、历史的概念，它不是一个抽象的东西，而是一个具体的事物，它是农业发展史上的一个重要阶段。从发达国家的传统农业向现代农业转变的过程看，实现农业现代化的过程包括两方面的主要内容。一是农业生产的物质条件和技术的现代化，利用先进的科学技术和生产要素装备农业，实现农业生产机械化、电气化、信息化、生物化和化学化。二是农业组织管理的现代化，实现农业生产专业化、社会化、区域化和企业化。现代农业的本质内涵可概括为：现代农业是用现代工业装备的，用现代科学技术武装的，用现代组织管理方法来经营的社会化、商品化农业，是国民经济中具有较强竞争力的现代产业。现代农业是以保障农产品供给，增加农民收入，促进可持续发展为目标，以提高劳动生产率，资源产出率和商品率为途径，以现代科技和装备为支撑，在家庭经营基础上，在市场机制与政府调控的综合作用下，农工贸紧密衔接，产加销融为一体，多元化的产业形态和多功能的产业体系。

尽管各个国家资源禀赋、社会经济条件等方面存在差异，农业现代化的道路和特点也不尽相同，但在农业现代化进程中也存在一些共同的经验教训可供我们借鉴，使我们少走弯路。①政府对农业的支持对于实现农业现代化至关重要。经济发展的过程实际上就是工业化的过程，在此期间，如何正确处理工业和农业之间的关系，是农业能否迅速发展、农业现代化能否迅速实现的最重要影响因素。②土地制度的变革是农业现代化的前提。土地制度直接影响到农村人口的经济福利以及国家政治上的团结和稳定。尤其重要的是，土地制度对农业劳动生产率有重大影响。因此，改革土地制度，解除制度因素对农业的束缚也就成为发展农业的前提条件。③充分发挥资源优势，以市场为导向，搞好产业规划和建设，是推进现代农业建设的普遍方法。不管农业的地位多么特殊，它总是一个产业，应该按照产业的特性来发展，即以市场为导向，以资源优势为基础，这是各国农业现代化最基本的经验之一。④农业合作经济组织是农业现代化的根基。农业现代化进程表明，一个有效的农业合作体系的建立，对于加快传统农业向现代农业的转变起着决定性的作用。

三、现代农业发展的典型模式

未来农业是现代农业。首先，要实现农业生产规模与资源承载能力相协调，农业产业链主体如农户、企业、政府及农村社区的利益得到优化，利益链接机制合理，农业产业相关者呈关联性增长的发展态势。传统产业与新型产业有机结合，协调发展，支撑区域发展。其次，要实现多功能与产业融合。目前，农业发展与乡村发展、农业发展与扶贫开发、农业发展与文化传承、农业发展与村庄建设的有机结合呈现产业融合的勃勃生机。再次，要建立优质安全食品与生态友好。一是优质的生态系统是优质农产品生产的保障，农产品的生产与质量体现生态环保特质；二是农业生产行为，推动着农业自身的微生态系统极大优化；三是农业作为多样性的生物系统是促进区域生态系统持续优化的重要推动力量。四是要实现农业高效。农业生物能量高效利用，农业生产投入高效收益。广泛应用现代装备、现代技术成果、现代的管理方式来发展现代农业。以优质的产业资源为基础，如种质资源、生产条件等。具有强有力的优质产品的制造能力；具有充分的市场占有能力，高效满足市场需要；具有未来引领市场的能力。品牌影响力与科技创新能力成为竞争力的重要支撑。

1. 要明确现代农业主方向

(1) 要市场化。体现的是以全球市场、人群市场及全国性区域市场的需求为出发点，提供的是有效的市场供给。通过“市场定位、确定产业服务对象、分析对象需求、创新与制造优质产品、实施推广服务”五个环节来实现。

(2) 要智能化。首先，实现农业生产与产业经营的信息化融合。比如，农业大数据技术、“互联网+农业”等，将农业经营要素进行数据化。其次，在农业生产与经营的各个环节自觉应用智能设备，农业生产各环节，以工艺流程的智能制造与智能监管保证产品质量，降低经营成本。再次，农业产业通过信息技术与社会生活的各个环节实行互联互通，成为智能社会的有机组成部分。

(3) 要全球化。一是掌控全球农业优势资源，如种质资源、优质的生产条件资源、市场资源等决定农业全球运营的资源；二是积极参与全球农业技术合作，主动交流与分享全球相关技术成果，抢占产业技术制高点；三是以全球市场推动全球合作，实现产品全球市场运营，通过与所在国家的区域市场、产业、企业、产品创新的有机结合，实施多元化产品战略，推动市场的全球化。

（4）要产业化。推进资源园区化与基地化，如创建农业产业示范园区、优质农业示范基地等。实现“三权”结合，保证企业的产品开发与市场运营权，充分发挥农业企业的市场积极性。农业产业品牌化，创建区域品牌、产业品牌、产品品牌相结合的品牌体系，以综合性品牌互动推动综合性现代农业产业集群发展。

2. 要在创新中把握发展机遇

（1）资源创新，建立多元性引领性高端性农业。一是创新种质资源。利用分子技术及其他“高、精、尖”技术手段，开展种质资源的创新。二是围绕农业多元产业发展需要，发挥农业多功能特点，创新新型农业产业资源，如农业旅游资源的创新，农业工业原料资源的创新等。三是创新生产条件资源。重点是优化与创建优质的水源及土地资源，优化农业生产良好的生态环境资源。四是积累科技创新资源。主要是科技创新能力的积累及人才的培养与组织，为现代农业的科技支撑创造条件。五是创新区域市场资源。主要是做好品牌引领、综合服务平台的搭建及消费热点问题制造与传播能力构建。

（2）产品创新，建立现代市场性农业。农业产品的创新，其出发点是：推动农业原料形态的产品向农业商品化的产品转型，同时，面向区域市场的多样化需求开展产品研发创新。选择时尚化、功能化、方便化、安全化、民族化、地域化产品发展路径。

(3) 营销创新，创建区域市场服务综合体。改变传统小农为主体的批发市场模式，创建现代综合性，电子商务与传统门店相结合的市场模式。面向全球区域市场，创建网上与网下、固定与移动、大商与微商相结合的营销体系。

(4) 市场创新，构建现代农业市场。一是推动全国一体化的统一的市场体系建设。二是创新市场功能，充分发挥市场的服务功能。三是变本土市场为区域市场。四是依据现在农业经营主体及市场变化的新形势，以移动、网络相结合，创建特色鲜明的现代新型市场。

3. 要在产业升级中引领新思路

(1) 注重产品创新，体现“名、特、优、新、奇”，注重营养与功能。

(2) 注重高端与精品的产品定位。

(3) 将产品运营与知识传播、产品消费与体验消费有机结合。

依据市场主体在不同时期的新需求，开展产品的创新与制造，以市场的新需求促进产品的新供给，以此来引领产业发展。本质上看，一个区域、一个农业企业要真正实现转型升级，就必须确定服务对象、分析对象需求、搞好资源配置与战略布局。

4. 要在开放的路上进一步拓展

(1) 要跳出本地。我国传统的农业市场是以本土为主体的市场。现代农业的市场体系是以区域或者对象需求为主体的市场体系。改本土定位为区域定位，实现本土市场向区域市场的转型，就必须跳出本土，走向区域。要实现这个转型，一是引进科技、人才、资本。二是研究区域市场，创建区域市场。将区域市场的需求与当地的农业产业的供给有机结合。三是创建以市场需求为导向，促进农业产业发展的新型的市场导向型的现代农业。

(2) 要跳出本国。改国内市场定位为全球市场定位。一是树立全球视野，从区域国别的角度看待中国，用中国的视角审视全球，学会从全球的视角研究产业发展的共同规律。科学把握产业、市场的发展具有的一般性的共性规律，重点研究不同地区的特殊性。二是倡导全球合作，学会与全球不同人才、不同消费者、不同企业的合作。三是树立全球胆识，学会站在全球的、历史的、人类发展的角度来了解世界，审视作为，把握未来发展，大胆决策。四是培育发展理念，超越民族、国家及不同经营实体的个性需要，践行以利益共同体为基础的发展理念。

(3) 要跳出农业。一是跳出传统农业。现代农业，从本质上说，是现代农业产业体系，其特征是具体的产业。按照产业方式来创新现代农业是未来农业发展的必然要求。二是跳出传统农产品，实现农产品商品化与产品化。农产品的商品化与产品化，要求农业生产要注重品质、包装、品牌等产品属性的再造，从而实现传统农产品从原料形态向产品形态的转型。三是跳出单一产业功能。与传统农业的单一产业功能不同，现代农业充分体现农业与相关产业互为资源与市场。农业与旅游、农业与农业原料与深加工相结合等。

(4) 跳出单一业态。农业有生产农产品的产业形态，也有满足人们精神与文化消费的农业旅游，由此，形成多样化的产业形态，是现代农业的主要特点。

(5) 交换与合作。交换与合作是现代农业实现开放的有效途径，从农业与外部环境来看，要推动农业与相关产业的合作；从农业内部来看，围绕全产业链，创新以合理的利益链接机制为基础的产业化模式。

(6) 创新就是要变革，变革发展理念。传统农业的基础是小农，小农意识是与传统农业相联系的，是滞阻现代农业发展的重要因素。要发展现代农业，就必须变本土意识为区域意识；变农产品意识与农业商品意识；变农业生产意识与农业产业意识；

变单一农业意识与综合农业产业集群意识；变单干意识为合作意识；变自产自销意识为合作产业化发展意识等。没有观念的现代化就没有农业的现代化，也就不可能创建起现代农业。同时也要创新经营方式。一是变一家一户为合作经营；二是变自产自销为产销分工；三是变单一产业为集群创新；四是变原料产品为商品；五是变经验农业为科技农业；六是变传统门店为网上+网下。而这些也都是未来农业发展必然的创新方向。

5. 要在新政实施中把握未来

(1) 调结构。一是要向精品农业方向调。有机生态功能化的农产品是精品农业的产品形态。二是向高效益方向调。农民通过发展现代农业，提高增收能力，企业通过发展现代农业增强盈利能力，快速发展。三是向可持续发展的方向调。通过发展现代农业促进农村事业发展，改善与优化生态环境，促进农业综合生产能力提高。四是向市场导向型农业发展方向调。建立起以市场需求为导向，供求结合的新型农业产业化经营方式。五是向满足与引领市场需求的方向调。六是向促进区域发展与国民经济协调发展的方向调。

(2) 补短板。目前，我国农业发展的短板主要表现：一是仅仅通过发展传统农业，农民增收缓慢。要解决农民增收缓慢难题，就是要以提高农民的增收能力为出发点与落脚点，通过发展高效农业，提高农民收益能力，同时，通过大力发展新型产业，为农民拓宽收益渠道，提供新型产业，为农民提高收益创造条件。二是生产与生活基础设备相对滞后。这是影响现代农业发展的重要因素。通过提升农村基础设备基础水平，从构建农村现代化能力为出发点，提升满足农民生活与新型产业运营的服务和支撑能力，以此提高农村社会经济发展的整体水平。三是农业生产综合条件质量下降。从农业的综合生产能力出发，强化自然条件的改善，优化自然农业生态，提升农业综合价值能力。

(3) 供给侧改革，要创造新需求。农产品市场的新需求往往是由社会发展的整体水平决定的。一是要适应新需求。随着人们生活水平的提高，更健康、更营养的需求正在成为消费主流，人们渴望生态、有机、功能化的营养产品。互联网的快速发展，人们消费行为与方式也在变革。与消费体验及文化消费相结合，正在颠覆传统的消费观念与模式，适应这些新需求，是创新新需求的前提。二是要引领未来需求。引领是面向未来的，推动由潜在的需求逐步变成现实需求的发展过程。引领未来需求重点是要准确把握未来需求走向，开展产品研发与做好产品知识传播工作。

(4) 要创造新供给，创造供给的目的是创造可持续的不断满足市场需求的产品供给机制，主要是通过创新的手段来为消费者提供多样化的产品服务。供给的创造，一般采取迭代式的产品开发模式，通过对市场的研究，分析对象的现实需求与潜在需求，将需求分析转变成产品制造。对一个具体的产业或者企业来说，往往通过“五个一批”的方式来创造供给。称之为：研究一批，研发一批，制造一批，销售一批，淘汰一批的创造供给模式。

(5) 要创新供给满足需求的实现形式。一是要保证供给是相对有效供给。所有的农产品生产必须是以市场需求为导向，农业产业是市场导向型农业。二是创新消费者。引导消费者由单一消费环节向农业全产业链环节延伸，组织与鼓励传统消费者参与农业的生产，参与农业生产环节的管控，参与终端产品的评鉴。三是创建互动平台。市场的效率是由供求双方最佳结合的信息黑洞大小决定的，创建网络互动平台就是要最大限度的缩小供求黑洞，准确把握市场的需求，传播与引领未来市场。目前，互联网、微信传播的创建都是有效的供求互动的形式。

总之，发展现代农业，是全面贯彻落实科学发展观的客观要求。我国农业正处于由传统向现代转变的关键时期，受到资源和环境的双重制约，面临国际和国内市场的双重挑战，必须着力转变农业增长方式，优化结构和布局，集约节约使用自然资源和生产要素，减少水污染，保护生态环境，加快农业生产手段、生产方式和生产理念的现代化，把农业和农村的发展真正纳入科学发展的轨道。

第三节　“互联网+”带来全新的现代农业

互联网尤其是移动互联网的广泛应用带来的创新浪潮，农村电子商务与农村互联网金融的兴起，为有效破除城乡二元机制、推动农村经济发展，带来了新的希望和契机。据中国互联网信息中心发布的数据，中国网民中农村网民占比 27.5%，规模达 1.78 亿，这几乎意味着每 4 个农村居民中就有一个网民。农村互联网的普及打破了长期以来农村消息闭塞、城乡信息不对称的情况，农民通过网络可以主动地寻求三农政策、农业技术、农资产品、农产品售卖、城市用工等各种信息并进行双向的交流。有些发达地区的农民还通过网络推广当地的农村旅游项目，吸引城市居民到农村体验生活。农村互联网的普及打破了长期以来城乡信息不对称的情况。

当前，我国农业正经受资源短缺、开发过度和污染加重的考验，面临国内生产成本攀升与大宗农产品国内价格普遍高于国际市场的“双重挤压”，农村在城乡资源要素加速流动中边缘化，农民在产业弱质和制度歧视的双重压力下增收难，迫切需要加大改革创新力度，加快农业现代化建设。

2015 年，李克强总理在政府工作报告中提出“互联网+行动计划”，全国上下正在谋划推动新一代信息技术和现代产业跨界融合，打造新引擎，培育和催生经济社会发展新动力，形成一批具有重大引领、支撑作用的新业态、新产业。农业是“互联网+行动计划”的核心领域之一。“互联网+农业”是充分利用移动互联网、大数据、云计算、物联网等新一代信息技术和农业的跨界融合，创新基于互联网平台的现代农业新产品、新模式、新业态。以“互联网+农业”驱动，极力打造“信息支撑、管理协同，产出高效、产品安全，资源节约、环境友好”的现代农业发展升级版。

改革开放以来，我国经济高速发展，为农业现代化积聚了丰厚的物质条件和技术基础。然而，千百年来一家一户的小农生产从业人员数仍然占我国农业人数80%以上，并且在短时间内很难改变，这严重阻碍了我国现代农业发展。“互联网+”开创了大众参与的“众筹”模式，对于我国农业现代化影响深远。一方面，“互联网+”提高组织化程度、降低交易成本、优化资源配置、提高劳动生产率等，正成为打破小农经济制约我国农业农村现代化枷锁的利器；另一方面，“互联网+”通过便利化、实时化、感知化、物联化、智能化等手段，为农地确权、农技推广、农村金融、农村管理等提供精确、动态、科学的全方位信息服务，正成为现代农业跨越式发展的新引擎。“互联网+农业”是一种革命性的产业模式创新，必将开启我国小农经济千年未有之大变局。

“互联网+”助力智能农业和农村信息服务大提升。智能农业实现农业生产全过程的信息感知、智能决策、自动控制和精准管理，农业生产要素的配置更加合理化、农业从业者的服务更有针对性、农业生产经营的管理更加科学化，是今后现代农业发展的重要特征和基本方向。“互联网+”集成智能农业技术体系和农村信息服务体系，助力智能农业和农村信息服务大提升。

“互联网+”助力国内外两个市场和两种资源大统筹。“互联网+”基于开放数据、开放接口和开放平台，构建了一种“生态协同式”的产业创新，对于消除我国农产品市场流通所面临的国内外双重压力，统筹我国农产品国内外两大市场、两种资源，提高农业竞争力，提供了一整套创造性的解决方案。

“互联网+”助力农业农村“六次产业”大融合。“互联网+”以农村一、二、三产业之间的融合渗透和交叉重组为路径，加速推动农业产业链延伸、农业多功能开发、农业门类范围拓展、农业发展方式转变，为打造城乡一、二、三产业融合的“六次产业”新业态，提供信息网络支撑环境。

“互联网+”助力农业科技大众创业、万众创新的新局面。以“互联网+”为代表的新一代信息技术为确保国家粮食安全、确保农民增收、突破资源环境瓶颈的农业科技发展提供新环境，使农业科技日益成为加快农业现代化的决定力量。基于“互联网+”的“生态协同式”农业科技推广服务平台，将农业科研人才、技术推广人员、新型农业经营主体等有机结合起来，助力“大众创业、万众创新”。

“互联网+”助力城乡统筹和新农村建设大发展。“互联网+”具有打破信息不对称、优化资源配置、降低公共服务成本等优势，“互联网+农业”能够低成本地把城市公共服务辐射到广大农村地区，能够提供跨城乡区域的创新服务，为实现文化、教育、卫生等公共稀缺资源的城乡均等化构筑新平台。

一、互联网为农村创业带来新契机

信息不对称是造成城乡差距的一个重要原因，中国的改革进程虽然缘起于农村，但是市场化的进程和重心更多的是在东部沿海地区和中心城市，信息不对称广泛地存在于开放初期的东部地区和国外市场、中西部农村和东部地区之间。在这种信息不对称的条件下，要发展农村经济、促进农民财富的增长就变得十分困难。互联网时代的到来和农村互联网的大规模普及补足了农村经济发展过程中的这一重大短板。在这种条件下，农村所拥有的丰富的各种各样的资源就焕发出了前所未有的潜力。互联网打破了城乡资源配置单向流动的困局。长期以来，无论是自然资源、优质农产品，还是青壮年劳动力，城乡之间资源的流动均是以农村向城市的单向流动为主。这其中固然有城市化进程中自然的原因，但是长期这样的单向抽血式的单向流动是不正常的。这种造成城乡差距不断拉大的不正常现象与我们的体制机制有着不可分割的关系。

互联网在农村的发展和普及正在逐渐改变这一态势。首先，电子商务的发展极大地拓展了农村创新、创业的空间，正吸引大量人才回归农村。其次，互联网金融正在扭转金融资源从农村流失的局面，一大批互联网金融企业形成了与传统金融截然相反的金融资源流动方向，资金从城市流向了农村，从东部发达地区流向中西部农村。第三，用互联网营销的农村旅游等服务项目，正在吸引大量的居民旅游消费从旅游城市、国外转向农村。总之，农村互联网创新创业的热情正在消解户籍制度、土地制度对农村发展的禁锢，为农村经济发展增添了巨大的动力。互联网将给农村治理带来深刻变化。因互联网而带来的农村经济发展水平、生活水平、人口结构知识水平的变化，也将对农村的治理带来深刻的变化，而且必然随着互联网的普及和“互联网+”作用的持续发酵而变得越来越明显。这种变化将是正面的、积极的，因为总体上看，互联网是将偏封闭的农村熟人社会推向开放的更广阔的因互联网连接的社会体系当中，并且由于互联网社交的作用，这样的封闭转向开放不但不会引起道德水平、信任关系的下降，反而会通过互联网的关系将熟人社会的信任关系进一步延伸出去，继而促使更广泛的良好的社会自治的实现。互联网给农村创业带来的变化值得进一步期待。

二、互联网给农产品销售带来新突破

随着互联网的不断发展以及人们消费观念的改变，通过互联网销售农产品逐渐成为一种新兴的销售方式，越来越受到商家的关注。当前互联网销售农产品的竞争非常激烈，同质化严重，面对当前的互联网发展现状，如何才能在竞争中胜出值得思考。

1. 互联网产品销售从“产品思维”向“用户需求思维”转变

以制作和销售一款基于大数据分析的平台为例，准备制作的平台会通过大数据精准分析用户需求，然后向品牌商提供用户分类数据，帮他们向用户精准推送品牌广告，而开发商则从品牌商处收取费用。对这款产品的市场前景进行预测应该考虑到以下3个方面的问题：一是能够实现这种精准分析和精准推送的产品很多（如微信等），准备销售的产品与其他同类产品相比，优势是什么。如何在自己的平台上积累用户资源也需要考虑。二是要对自己的目标客户进行调查，明确其需求。三是对用户的需求大小进行分析，用户的需求大小直接关系到其对产品的使用时间。用户的需求较小，使用网络平台的时间就较短，忠诚度不高；反之，用户就会花费较多时间在这款网络平台上。因此，进行互联网商品销售时，要避免以下几个问题：一是“我认为产品好，就想当然认为一定能大卖”的想法。这种想法是典型的“产品思维”，没有考虑用户到底需不需要，为什么需要。这种思维是站在“产品”角度考虑的，比如，只想着如何做出各种强大的功能，却没考虑这些功能为什么一定能吸引用户过来。自认为产品好，就觉得一定会很有市场。技术和世界经济的飞速发展，早已导致各种产品极大丰富，且同质化严重，竞争前所未有。这也就让垂直领域和细分领域产品更加的细分化。其实，细分就意味着把原来某个大群体“看似”共同的需求切割成不同小群体的各种各样的需求，今天的互联网产品就是在这样的局面下生存的。因此，互联网产品只能更加艰难地挖掘小群体用户的需求，甚至又把需求打散分成好几类，然后抢占其中的某一小类需求市场。如今做互联网产品面临着比以往任何时候都要困难的竞争和挑战。过去那种“一款产品通吃天下”“一个广告招揽所有人”的“大产品”和“大广告”的美好年代早已一去不复返。也有人说“定位理论”已经失效，未必见得。只不过，如今的“定位”已经不再站在产品的角度去定位，而是站在“用户”的角度去定位。二是“用户需求思维”应该主导今天的互联网产品。尤其对于互联网产品来说，用户对其看重的更多是“能否满足我的某种需求”，而对其“品牌”的重视要小于对传统行业中的品牌重视。这与传统行业有较大不同。在传统行业，一个新产品如果要脱颖而出，难度非常大，因为它面对的是与大品牌的竞争，并且在几乎没有知名度的情况下，需要大量广告投入才可能让消费者了解到它，经过反复广告后，消费者形成印象，从而可能去尝试这个品牌。此时，消费者的行为和心理路线是认知—情感—行动，人们更愿意相信“品牌”的价值。而互联网产品似乎是相反的路子，只要产品满足了用户的某个需求，那么，用户便会使用，使用后感觉好，便会在社交平台上告知分享给朋友，朋友体验好，又会告知分享给其他人，如此形成了口碑传播链条。此时，用户的行为和心理路线是：行动—认知—情感—分享传播。人们更愿意相信“满足我体验/需求”的价值。

从以上的分析可以看出，在互联网上销售农产品时，也要遵循“顾客思维”进行销售，而不能与传统销售过程相似，仅仅只是强调农产品的质量。要进行换位思考，在充分分析目标用户的基础上，找出其最大的需求，进而通过适当的营销手段推广自己的产品。

2. 对用户需求进行分析

用户本质需求是社会发展的“拉力”，在互联网销售农产品时，对用户的需求进行了解是取得良好销售业绩的前提和基础。要对用户的需求进行分析，有针对性地进行销售。不同需要对用户的重要程度不同，根据需要把用户的需求归为3个层次：第一个层次是本质需求，这些需求主要包括通讯、社交、生理、本能的渴望或欲望等。第二个层次是附属性需求，这些需求主要包括价值观、意识形态、某种心理需求等。这个层次的需求并非人的必需品，但却依附在人身上，受到人所在的特定环境或社会境况的影响。附属性需求所触及的痛点程度要小于本质需求。第三个层次是边缘性需求，这些需求主要包括兴趣、爱好等。之所以称为边缘性需求，并非说这些需求不重要，而是因为这些需求虽然更多涉及精神层面，但在触及痛点的程度上相对要低于本质需求和附属性需求。在这三个层次中，本质需求是最核心、最根本性的需求。农产品销售是满足人们本质需求过程，具有良好的发展前景。在销售过程中要根据这一特点开展营销活动。

互联网的发展既给农产品的销售带来了机遇，又使传统的农产品销售模式面临着挑战。要做好互联网农产品销售工作，既要懂得网络销售的知识，又要熟悉农产品行业。只有把握机遇，做好农产品销售工作，才能满足消费者的需求，创造较高的利润，促进农业的发展。

三、互联网给农产品安全提供新保障

近年来，经过坚持不懈地努力，我国农产品的质量安全工作取得了巨大成绩，但也存在一些亟待解决的问题。“互联网+农产品质量安全”是充分利用移动互联网、大数据、云计算和物联网等新一代信息技术与农业的跨界融合的重要领域，创新基于互联网平台的现代农业新模式，为进一步全面提升我国农产品质量安全提供了现代信息技术的科技支撑。

"互联网+"助力我国农产品质量追溯。利用传感网、物联网、手持溯源终端设备以及移动通信技术，建立国家级面向猪肉、牛肉、禽肉、蔬菜、水产品和茶叶等农产品的质量安全电子档案数据库，实现对从农产品生产、加工、储运到销售的农产品生产流通全过程可追溯，通过信息采集、数据链接、数据传输、数据汇总和信息查询等功能，提供基于网络、短信和语音的可追溯农产品和企业质量安全移动、信息检索服务，实现农产品的来源查证、去向追溯与责任定位，提高农产品质量安全水平。

"互联网+"助力我国农产品质量安全风险预警。利用大数据、云计算和移动通信等信息技术，采集和汇总农产品质量安全数据，对农产品质量安全事件按行业类别、信息来源、涉及范围和危害程度等内容进行初步识别，确定农产品质量安全信息等级，对事件造成的损失等进行评估，实现支撑全国农产品质量安全应急预案体系的公共安全应急风险评价、监测监控、预测预警、动态决策、综合协调、应急联动与总结评估的功能，全面提升国家抗御和应对农产品质量安全突发事件的能力。

"互联网+"助力亚太地区农产品质量安全合作。利用云计算、大数据等现代信息技术，构建面向亚太地区农产品质量安全合作信息服务系统，促进区域间的合作，积极发挥我国与上海合作组织、亚太经合组织、东盟与中日韩（10+3）、中国与东盟（10+1）等多边机制和区域组织的重要作用，推动跨区域的农产品质量安全数据共享，加强国际的风险信息交流和通报，推动农产品质量安全风险监测、预警和评估等方法共享共用。

四、互联网为农业可持续发展提供新思路

"互联网+农业"是我国农业发展的重要变革，通过互联网的创新驱动和结构重塑，将农业资源进行高效整合，实现农业结

构的产业化、农业产品的创新化和产业链发展的智能化，进而达到农业生产模式的跨越式发展。“互联网+农业”发展模式主要有三种类型：第一，生产智能化类型，以互联网为手段对农业生产要素及各项资源进行优化合理配置，保证农业资源的技术化发展；第二，农业电子商务类型，通过网络营销模式实现农产品的线上线下交易，有效的扩宽了农产品的营销渠道和途径；第三，信息化发展模式，建立共享式的信息交流平台，加强农业生产者和经营者之间的联动，提高农产品的市场竞争力。“互联网+农业”发展模式是农业产业化发展的必然选择，目前，我国正处于社会主义改革的攻坚阶段，国家重视农业在我国经济发展过程中的基础地位，采取一系列积极有效的政策加强对其的扶持，进而巩固农业的基础地位，提高人民的生活水平，实现共同富裕的根本目标。农业产业化以市场发展为导向，重视市场在资源配置中的基础性作用，以提高经济效益为中心，对农业资源进行优化整合，实行专业化、科技化和综合化的管理手段，促进农业的现代化发展，将互联网发展与农业发展紧密结合，是提高农业科学技术水平的重要手段，是实现传统农业向现代农业转型的有效途径。

“互联网+农业”是信息化时代下农业可持续发展的必由之路，是贯彻和落实以人为本可续发展观的重要举措。随着信息全球化的快速发展和互联网应用的广泛普及，农业发展也应朝着信息化的方向前进，加快以互联网为基础的农业信息化建设是我国社会主义新农村建设的重要内容，是我国全面建成小康社会的重要任务，历年来，农业发展备受国家的重视，加快信息化建设能够有效地提高农业的生产效率、提高农业生产的综合能力，实现城乡均衡发展的重要目标。同时，信息化时代发展下的农业要求我国农业要不断与时俱进，紧跟时代的发展潮流，通过强有力的农业信息建设加快农业改革进程。“互联网+

农业”这一发展模式有利于促进农业产业结构调整。互联网具有开放性、创新性和综合性的多重特点，将农业经济发展与互联网发展紧密结合能够有效的创新并发展新型农产品，增加农产品的附加价值，延长农产品生产产业链，形成具有核心竞争力农产品产业化模式。“互联网+农业”这一产业发展结构，以市场发展为导向，重视市场在资源配置中的基础性作用，农民可以通过市场获取足够的信息，并对自身的生产经营规模及战略进行及时有效地调整，极大程度上增加了产业结构调整的灵活性。“互联网+”时代发展下，将农业发展与信息网络紧密结合有利于促进农业的跨越式发展，实现了由资源型农业向技术型农业转变。随着社会主义市场经济的快速发展，创新能力和核心技术越来越成为农业可持续发展的重要衡量指标。近年来，农业市场的竞争以技术、经济等创新能力为主，这也是时代发展和进步的重要表现，我国现阶段的农业发展以资源型为主，信息化和网络化建设程度较低，实行“互联网+农业”发展模式，可以推动农业的转型升级，加快农业现代化建设进程。

“互联网+农业”可以有效地节约农业发展成本，提高农业经济效益。首先，互联网具有高效化、畅通化和实时化的特点，将互联网与农业发展紧密结合可以为农业生产者和经营者提供一种较为快捷的信息途径，在激烈的市场竞争中，面对瞬息万变的市场环境，可以采取及时有效地措施来应对市场的变化；其次，有效地节约了农业的流通成本，以网络为主的交易平台，简化了实际的交易程序，加快了农产品的流通速度，提高了产品的流通效率；最后，网络的发展为企业提高农业技术提供了便捷，加快了农产品更新换代的速度，有效地提高了农产品的生产效率。

“互联网+农业”模式的科学化应用在提高农业经济发展水

平的同时，对农民综合素质的提高起到了重要的影响和推动作用。农民以互联网为平台，在经营和管理过程中学到了更多的现代信息知识，提高了自身的科学文化修养和思想道德修养，对农业的发展认识上升到了一个全新的高度，将更多的科学技术知识和文化知识应用到实际的农业生产活动中来，提高农民的应用能力和实践能力，为我国社会主义新农村建设提供了全新的综合型农民人才。

农业作为我国社会经济发展的基础，对我国国民经济的发展、人民生活水平的提高起到重要的影响作用，农业发展要紧抓互联网这一契机，提高农业经济发展的质量和效率，实现全面建成小康社会的宏伟目标。

五、互联网为农产品品牌发展带来新模式

“互联网+”为现代农业发展增加新的发展内涵和产业魅力。“互联网+”从思维与产业顶层设计角度与产业跨界融合，以互联网的传播迅速与广覆盖，加快信息资源整合，推进行业科技与三农的融合，拓展传统农业发展空间，形成新的产业形态与业态。通过互联网、移动互联、物联网，改变传统技术推广与农产品营销模式，让原来的不可能变为现实，使传统农业生产发生翻天覆地的变化。

对推动城乡统筹，促进一、二、三产业融合，实现产业协同发展具有重要意义。以互联网为纽带，推进城乡生产要素资源的集聚与互联互通，以农业产业、农产品和新农人为载体，通过互联网连接一、二、三产业，用互联网理念改造农业，改变长期以来农村人才、资金外流局面，吸引工商民营资本、科技人才流向农业，实现产业协同发展。

对推动产业转型升级，加快农业现代化进程，提升产业整体效益，增强农业产业竞争力具有重要意义。通过互联网，改变产

业与主体、主体与主体之间的信息不对称矛盾，有效连接分散的农业生产主体，加强产销信息衔接，缩短农产品交易链条。通过标准化生产，聚合资源，实现生产集约化、规模化、品牌化，促进农业增效、农民增收。

第二章　互联网+农业生产：农业生产智能化

第一节　“互联网+”种植业

农业物联网技术在农业生产方面的具体应用十分广泛，对于在什么时候施肥、要施多少肥料、选用哪种肥料等问题，以及播种、灌溉、施肥、除草、防治病虫害、收获等的确定，都可以依靠农业物联网技术实现，不劳累而且精确，从此改变农民靠经验来种田的习惯。

一、智慧设施农业

智能设施农业提高了种植产量和生产效率，越来越多的农民在当地龙头企业以及专业合作社的带动下，投身智慧农业，增收致富。互联网农业是指将互联网技术与农业生产、加工、销售等产业链环节结合，实现农业发展科技化、智能化、信息化的农业发展方式。“互联网+”带动传统农业升级。目前，物联网、大数据、电子商务等互联网技术越来越多的应用在农业生产领域，并在一定程度上加速了转变农业生产方式、发展现代农业的步伐。

互联网技术深刻运用的智能农业模式，以计算机为中心，对当前信息技术的综合集成，集感知、传输、控制、作业为一体，将农业的标准化、规范化大大向前推进了一步，不仅节省了人力成本，也提高了品质控制能力，增强了对自然风险的抗击能力，正在得到日益广泛的推广。互联网营销综合运用电商模式，农业电子商务是一种电子化交易活动，它是以农业的生产为基础，其中包括农业生产的管理、农产品的网络营销、电子支付、物流管理等。它是以信息技术和全球化网络系统为支撑点，构架类似B2B、B2C的综合平台支持，提供从网上交易、拍卖、电子支付、物流配送等功能，主要从事与农产品产、供、销等环节相关的电子化商务服务，并充分消化利用。

将互联网与农业产业的生产、加工、销售等环节充分融合。用互联网技术去改造生产环节提高生产水平，管控整个生产经营过程，确保产品品质，对产品营销进行了创新设计，将传统隔离的农业一、二、三产业环节打通，形成完备的产业链。其优势在于，第一，通过物联网实时监测，应用大数据进行分析和预测，实现精准农业，降低单位成本，提高单位产量；第二，互联网技术推动农场的信息化管理，实现工厂化的流程式运作，进一步提升经营效率，更有助于先进模式的推广复制；第三，“互联网+农业”不仅能够催生巨大数据搜集、信息平台建设等技术服务需求，同时也为生产打开了更大的农资产品销售空间。

互联网农业创新的实际意义在于提高效率，降低风险，数据可视化，市场可视化，使生产产量可控；打破传统，重新构建了农产品流通模式，突破了传统农产品生产模式，建立新的信息来源模式；向国外可追溯农业看齐，加强食品安全监管；农产品链条化，纵向拉长产业结构；实现信息共享，了解更多最新最全信息。

【案例1】

设施农业智能管理系统

西部电子商务股份有限公司于2000年9月28日成立，是由国家商务部批准的外商投资股份制企业。注册资本3 128.5万元，净资产1.14亿元。目前是中国农村科技杂志社副理事长单位，宁夏科技特派员创新创业协会副会长单位，宁夏物联网协会副会长单位。公司主要面向农村、农业领域，全方位为农林牧副渔产业、品牌农企、标准化种养殖基地和园区、种养大户、政府科研机构等提供从田间到餐桌的全产业链物联网技术应用解决方案，并提供集策划、咨询、研发、实施、售后等一条龙服务。公司长期立足于农村、农业信息化事业，被誉为“宁夏农村、农业信息化发展的龙头企业”，三年公司共投入2 300多万元，从事农村农业信息化技术研发，为了进一步助推宁夏农业物联网技术的研究与应用，在政府的大力推动下，与中国科学院合作共建了宁夏农业物联网工程技术研究中心，主要围绕宁夏农业优势特色产业精准化、智能化发展，开展基于传感技术、通信技术、计算机技术、网络技术以及智能控制等技术领域的研究和应用推广。目前已获得农业物联网方面的自主知识产权12项，软件著作权24项，其中设施农业、水产养殖、畜禽养殖、大田节水灌溉、大田四情监测（苗、墒、病虫和灾情）、投放品在线监管等智能化管理系统已经在多个标准化生产基地及500多家涉农企业成功推广应用，涉及园艺、育苗、奶牛、渔业、家禽、肉牛、蔬菜、果木等10多个产业，取得了良好的社会效益和经济效益。

公司主要做法：随着物联网技术的发展，物联网技术在农业信息化领域已经有了初步应用，比如，传感技术在精准农业的应用、智能化专家管理系统、远程监测和农产品安全追溯系统等。为提升我区农业技术推广，农业植物病虫害的监测、预报、防治和处置，农业资源、农业生产经营的科学决策提供有效支撑。公司结合现实需求，以三农现实需求为导向，以云计算、物联网、知识工程、3S等前沿信息技术为支撑，自主研发了一整套开放式、低成本、智能化、广覆盖的园区智能化应用解决方案——设施农业智能应用管理系统，主要是利用物联网技术，营造相对独立的作物生长环境，同时对园区进行设施农业生态信息采集、设施智能控制、智能视屏监控技术应用，通过应用现代农业科学技术和现代管理方式，推进农业向高产、高效、优质、生态安全为目标的农业可持续发展模式，从而实现农业生产智能化、科学化及集约化，促进现代农业的转型升级，为设施农业发展带来新的进程。

该系统主要是通过集成通信技术、无线网络及 Zigbee 技术、通过传感网络、数据采集模块、视频监控模块，实时远程获取设施农业内部的空气温湿度、土壤水分温度、二氧化碳浓度、光照强度及视频图像，通过智能控制进行模型分析，自动控制湿帘风机、喷淋滴灌、内外遮阳、顶窗侧窗、加温补光、水肥一体化等设备，保证温室大棚环境最适宜作物生长，为农作物优质、高产、高效、安全创造条件。系统可以通过手机、平板电脑（PAD）、计算机等信息终端发布实时监测信息、预警信息等。

系统功能特点：主要功能包括环境数据传感采集、数据空间和时间分布、历史数据、超阈值告警和室内 LED 屏展示。①数据传感采集：利用 GRPS 无线通信技术将采集的温室环境数据传输到系统服务器，系统完成对传感器数据的获取、解析、分类，最后按预定的格式存入数据库，以供系统用户查看和室内 LED 屏展示。②数据展示：从数据库中读取相应数据，以表格和曲线的方式将传感器数据显示出来，支持多种查询显示方式。可以集成视频监控功能，实现远程作物情况和人员监控等功能。③智能分析：数据空间和时间分布将系统采集到的数值通过直观的形式向用户展示时间分布状况和空间分布状况，历史数据可以向用户提供历史一段时间的数值展示。超阈值告警则允许用户制定自定义的数据范围，并将超出范围的情况反映给用户。④温室采集设备管理：给采集设备进行编号、棚位的划分，用以区分数据来源。可以对采集设备的工作状态进行监测和管理，实时查看采集设备工作是否正常，可以对设备进行数据修正，控制采集设备的打开或者关闭。⑤温室信息展示：通过LED屏展示系统，将温室的环境信息传输到室内的LED显示屏进行展示。⑥温室智能控制系统：温室智能控制系统可以实时监测温室温度、湿度、光照等环境因子，根据用户设定的要求，采用智能检测自动控制，控制温室各动力设备运行。保证温室内的温度、湿度、光照等环境因子保持在适合植物生长的范围内，为植物的生长提供最佳的环境。温室智能监测控制系统实现温室运行于经济节能状态，降低温室运行人力资源和生产成本。a. 通风控制：通风智能控制是通过空气温湿度传感器采集温室内温度和湿度的数值传给控制器，由控制器根据目标温度与实际室温的偏差以及室温的变化率进行模糊计算，通过通风机开启或关闭天窗进行自然通风调整温室内的温度。b. 卷帘控制：卷帘自动控制原理是在光照较高时，控制器通过室外光照采集因子系统采集的高灵敏度光照值，与计算机设定的控制目标进行对比，如高于计算机设定目标值，则自动展开卷帘，进行遮光；如低于计算机设定目标值，则自动收拢卷帘。可设定卷帘展开与收拢的工作时间长度，防止展开与收拢过度，保障机器正常工作。定时控制原理是既可以由控制器定时进行，也可以由工作人员通过控制器操作。c. 水泵控制：水泵自动控制原理是计算机内部有一套根据土壤湿度传感器采集的值与设定目标值进行对比，如高于设定目标值，则自动关闭水泵；如低于设定目标值，则自动打开水泵进行灌溉。定时控制：轮灌方式，可设定在某个时间段，进行灌溉的方式，可每个小时灌溉一次，同时也可设定灌溉的次数。有效地保护了水泵，同时也使土壤更好地吸收水分。

经验效果：设施农业智能化管理系统，可广泛应用于设施农业、园艺、花卉等领域，在需要特殊环境要求的场所实施监控管理，为实现对生态作物的健康成长和及时调整栽培、管理等措施提供及时的科学依据，同时实现监管自动化。目前该系统已经在国外阿拉伯国家迪拜椰枣园林区、科威特等国家；区外河南、杨凌等部分省市；区内宁夏三区两县银川、贺兰、灵武、红寺堡等地、五个国家园区和100多家企业进行了应用，应用效果显著。例如，在迪拜园林区，建立了花卉生长科学数据，项目设计安装传感器共计141套，覆盖园区所有温室、所有花卉，为管理者提供实时动态视频分析数据，对生产流水线进行实时监控，为园区提供周界安全监控，解决劳动力短缺，提高生产科学性，增强生产管理及时性，建立管理展示中心实现集中展示与管理。

效益分析：降低劳动力成本。在银川国家农业科技园区，银川国家科技园区建设有设施蔬菜标准园共220亩（1亩≈667平方米。下同），主要负责全区经营从事粮食作物、经济作物等方面新技术的试验、示范、推广、开展农作物病虫害防治及预测预报、植物检疫、指导全区农业技术推广工作、防治和处置，农业资源、为农业生产经营的科学决策提供有效支撑。公司对银川国家园区A区4栋日光温室、B区6栋日光温室、C区14栋日光温室和园区6栋连栋温室进行智能化提升和改造，利用云计算、物联网、知识工程、3S等前沿信息技术为支撑，建立一套开放式、低成本、智能化、广覆盖的园区综合信息服务平台，解决银川国家农业科技示范园区综合信息服务管理平台信息的真实性、实时性、全面性、针对性、持续性等问题，充分发挥科技示范园区的科技引领、辐射带动作用。以上项目分别建设了完善的温室智能控制采集系统、音视频诊断监控系统、园区外围视频监控系统、区域环境监测展示系统、水肥一体化系统整合、综合展示服务中心等，主要是通过集成通信技术、无线网络及Zigbee技术实现园区大棚空气温湿度、土壤温湿度、二氧化碳浓度等环境因子及温室内视频监控系统数据实时展示和大棚卷帘、通风、灌溉等的控制；远程视频诊断，将园区视频信息与语音对讲信号传输至管理中心，实现真正远程智能管理、培训、展示等功能；实现实时的音视频对讲，视频图像与语音对讲集成整合，管理服务中心可以发起和任何一个温棚内操作人员进行实时互动，也可以实现现场技术指导培训。依托展示服务中心通过高速网络联络，实现园区温室数据信息、视频诊断数据、视频监控数据等与综合展示中心互通，实现对园区视频监控数据进行信息化管理、集中显示并进行实时预览、查看等，真正地实现了智能温棚互联联动，一个人可以管理五十个甚至更多个大棚，既可以单棚控制，也可以集群控制，满足不同作物生长的管理需求，极大地减少了人力和物力的投入，为作物高产、优质、高效、生态、安全创造条件，实现了整个示范基地的集约化、网络化、规模化生产管理，同时提高信息的收集、加工、分析、发布的速度和准确性，通过计算机自动控制系统大大降低了工作量，而且由于能精准控制农作物生长环境，作物产量和质量都大幅度提高，可为政府部门提供农业信息制定政策依据，指导农业生产和经营，降低农业风险。通过应用现代农业科学技术和现代管理方式，推进农业向高产、高效、优质、生态安全为目标的农业可持续发展模式，从而实现农业生产智能化、科学化及集约化，促进现代农业的转型升级，为设施农业发展带来新的进程。同时也带来了可观的经济、社会效益，节本增效10%以上，平均减少劳动用工10%以上，产量和效益平均提高10%以上。

【案例2】

"智慧温室"系统

该系统在"千亩智慧蔬菜设施农业"种植中得到了应用，"智慧温室"系统运用物联网和云计算技术，可实时远程获取温室大棚内部的空气温湿度、土壤水分、土壤温度、CO_2浓度、光照强度及视频图像等信息，通过网络传输到云计算中心，经过作物生长模型分析，可远程或自动控制湿帘风机、喷淋滴灌、内外遮阳、顶窗侧窗、加温补光、CO_2气肥机等设备，保证温室大棚内环境最适宜作物生长，同时可以根据作物长势或病虫草害情况，农户可以通过手机、PAD、计算机等信息终端实时查询温室大棚内环境信息和作物长势，同时可以通过信息终端远程控制温室大棚环境调节设备，从而实现温室大棚集约化、网络化、智能化管理，有效降低劳动强度和生产成本，减少病害发生，提升农产品品质和经济效益。

方案应用价值：①采用全智能化设计，一旦设定监控条件，可完全自动化运行，不需要人工干预，同时农田信息的获取和联网还能够实现自然灾害监测预警，帮助用户实现对农业设施的精准控制和标准化管理。②为农作物大田生产和温室精准调控提供科学依据，优化农作物生长环境，不仅可获得作物生长的最佳条件，提高产量和品质，同时可提高水资源、化肥等农业投入品的利用率和产出率。③全面实现农业讯息的即时传输与实时共享。可以将生产现场采集到的传感数据及图像信息实时传输，帮助生产管理人员随时随地可以通过手机查看监控数据。

智慧农业是打造中国现代农业的必经之路。目前，“四化同步”“移动互联网”“物联网”“云计算”“大数据”大潮涌起，中国受到人多地少的现实情况制约，必须紧紧抓住时代发展的机遇，用现代科技武装农业，探索高产、高效、高回报的农业产业发展模式，解除人多地少的客观情况制约。因此，农信通公司的“智慧农业”解决方案是解决中国农业发展瓶颈问题的良好选择，用现代互联网技术、云计算技术、物联网技术、大数据分析技术服务农业产业，通过农业信息化综合服务平台、农业物联网综合支撑平台等农业信息服务客户端，实现政府涉农机关工作人员的网络办公、执法及对生产经营的指导，实现农民对大田、畜牧场、鱼塘等农业生产经营场所的远程“管理—控制”，切实实现了农业产业的高科技化、高智能化、高效益化、高回报化。

二、智慧大田种植

我国现在的农业生产模式正处于家庭联产承包责任制向大田种植模式的过渡阶段，大田种植模式是我国现代农业的发展方向。大田种植信息化是运用通信技术、计算机技术和微电子技术等现代信息技术在产前农田资源管理、产中农情监测和精细农业作业中的应用和普及程度，主要包括农田管理与测土配方系统、墒情气象监控系统、作物长势监测系统、病虫害预测预报与防控系统和精细作业系统。

我国农田信息管理系统开始在农场使用，内蒙古、新疆生产建设兵团、黑龙江农垦等使用农田信息管理系统对农田地块及土壤、作物、种植历史、生产等进行数字化管理，实现了信息的准确处理、系统分析和充分有效利用，并及时对电子地图进行不断地更新维护，确保农田一手数据的时效和准确性。把现代科技手段运用到大田种植生产过程之中，减少了人力资源，获得更大的产出，实现单位面积上大田种植的效益最大化是我国研究大田种植的根本目的，今后我国大田种植信息化发展是以“精细农业”为核心的数字化、智能化、精准化、管理信息化和服务网络化等发展模式，以信息化带动现代化，通过信息技术改造传统大农种植业，装备现代农业，以信息服务实现生产与市场的对接，遥感技术、地理信息系统、全球定位系统，作物生长模拟以及人工智能和各种数据库等结合与集成应用到大田作物生产中，通过计算机系统进行科学的生产管理。

智能农业大田种植智能管理系统，是针对农业大田种植分布广、监测点多、布线和供电困难等特点，利用物联网技术，采用高精度土壤温湿度传感器和智能气象站，远程在线采集土壤墒情、气象信息，实现墒情自动预报、灌溉用水量智能决策、远程/自动控制灌溉设备等功能。

智能农业大田种植智能管理系统中物联网信息采集可分为地面信息采集和地下或水下的信息采集两部分：第一，地面信息采集。一是使用地面温度、湿度、光照、光合有效辐射传感器采集信息可以及时掌握大田作物生长情况，当作物因这些因素生长受限，用户可快速反应，采取应急措施；二是使用雨量、风速、风向、气压传感器可收集大量气象信息，当这些信息超出正常值范围，用户可及时采取防范措施，减轻自然灾害带来的损失。如：强降雨来临前，打开大田蓄水口。第二，地下或水下信息采集。一是可实现地下或水下土壤温度、水分、水位、氮磷钾、溶氧、pH 值的信息采集。二是检测土壤温度、水分、水位，是为了实现合理灌溉，杜绝水源浪费和大量灌溉导致的土壤养分流失。三是检测氮磷钾、溶氧、pH 值信息，是为了全面检测土壤养分含量，准确指导水田合理施肥，提高产量，避免由于过量施肥导致的环境问题。第三，视频监控。视频监控系统是指安装摄像机通过同轴视频电缆将图像传输到控制主机，实时得到植物生长信息，在监控中心或异地互联网上即可随时看到作物的生长情况。第四，报警系统。用户可在主机系统上对每一个传感器设备设定合理范围，当地面、地下或水下信息超出设定范围时，报警系统可将田间信息通过手机短信和弹出到主机界面两种方式告知用户。用户可通过视频监控查看田间情况，然后采取合理方式应对田间具体发生状况。第五，专家指导系统。和系统中农作物最适生长模型、病害发生模型进行比较，一方面系统可以直接将这些关键数据通过手机或手持终端发送给农户、技术员、农业专家等，为指导农业生产提供详细实时的一手数据；另一方面系统通过对数据的运算和分析，可以对农作物生产和病害的发生等发出告警和专家指导，方便农户提前采取措施，降低农业生产风险和成本，提高农产品的品质和附加值。

在现代的大田种植中，通过应用物联网研发的大田种植智能控制系统，只需要手指点一点，就可以实现田间种植情况远程化监控、实时化管理，非常方便，实现大田种植的智能化。大田种植监控系统除了能提高大田种植的智能化、信息化水平，提高农作物质量产量之外，还可以通过发布远程指令对农业大棚进行操控，减少人力劳动成本，变相增加农作物的产出效益。应用智慧大棚系统后，只需要点点手机上的客户端，就可以远程自动实现开棚透气、关棚避雨、浇水施肥等功能，减少了种植过程中的人力投入，经济效益大大增加。

目前，各大农业地区都在积极试点，争取突破以往的生产模式，通过运行大田种植监控系统等新型农业物联网技术，为当地农业注入新鲜的科技力量，创造更大的农业价值，帮助农民创富增收。

【案例】

大田种植物联网与智能节水灌溉系统

系统简介：该系统针对农业大田种植分布广、监测点多、布线和供电困难等特点，利用物联网技术，采用高精度土壤温湿度传感器和智能气象站，远程在线采集土壤墒情、气象信息，实现墒情（旱情）自动预报、灌溉用水量智能决策、远程/自动控制灌溉设备等功能。

该系统根据不同地域的土壤类型、灌溉水源、灌溉方式、种植作物等划分不同类型区，在不同类型区内选择代表性的地块，建设具有土壤含水量，地下水位，降水量等信息自动采集、传输功能的监测点。通过灌溉预报软件结合信息实时监测系统，获得作物最佳灌溉时间、灌溉水量及需采取的节水措施为主要内容的灌溉预报结果，定期向群众发布，科学指导农民实时实量灌溉，达到节水目的。

系统组成：该系统包括智能感知平台、无线传输平台、中移物联平台OneNET，运维管理平台和应用平台。①智能感知平台包括：土壤水分与土壤温度传感器、智能气象站（温度、湿度、降水量、辐射、风速和风向）。②传输网络包括：网络传输标准、PAN网络、LAN网络、WAN网络。③物联网平台：选用的物联网平台是中国移动物联网平台的OneNET，中国移动物联网开放平台是中移物联网有限公司基于物联网技术和产业特点打造的开放平台和生态环境，适配各种网络环境和协议类型，支持各类传感器和智能硬件的快速接入和大数据服务，提供丰富的API和应用模板以支持各类行业应用和智能硬件的开发，能够有效降低物联网应用开发和部署成本，满足物联网领域设备连接、协议适配、数据存储、数据安全、大数据分析等平台服务需求。④运维管理平台包括：墒情（旱情）预报、灌溉远程/自动控制、农田水利管理。⑤在联点数据应用平台上，用户可以通过移动APP、微信、计算机等信息终端接收农田墒情信息、气象信息，并可远程控制灌溉设备。对政府管理部门而言，则可以通过该平台，提升农情、农业气象、农田水利的综合管理水平。

平台特点：中国移动物联网开放平台为中小企业客户物联网应用需求提供数据展现、数据分析和应用生成服务，为重点行业领域/大客户提供行业PaaS服务和定制化开发服务。经过横向多个平台优势对比，发现OneNET具有非常独特的优势，平台与国内常见的平台设计不同，可自定义“项目”，可以很好的管理大量物联设备，设计多级APIKey，可以方便的管理不同设备和不同的数据流，特别是应用展示，可以自定义图表，而非大多平台一样千篇一律的数据展示界面。联点数据将OneNET作为PaaS平台使用，数据存储、数据分析、数据冗余、命令控制、命令透传均通过平台操作，联点云服务则提供用户管理、逻辑管理、设备管理等业务层逻辑，通过 OneNET 的使用，显著的提高了系统的稳定性和响应的速度。

第二节 “互联网+”养殖业

随着规模化、集约化养殖业的发展和人力资源的短缺，自动化养殖将成为发展趋势，准确高效地监测动物个体信息有利于分析动物的生理、健康和福利状况，是实现福利养殖和肉品溯源的基础。目前生产中主要依靠人工观测的方式监测动物个体信息，耗费大量的时间和精力，且主观性强。随着信息技术的发展，国外学者对畜禽养殖动物个体信息监测方法和技术进行了大量研究，利用采集的动物个体信息，分析动物的生理、健康、福利等状况，为畜禽养殖生产提供指导，而国内在这一领域的研究仍处于起步阶段。

一、智慧畜禽养殖

“互联网+”给畜禽业带来巨大变革。越来越多的畜禽从业者开始体会到科技应用带来的巨变，并在实践中将这些先进技术运用到整条产业链中，使传统畜牧业更具“智慧”。从近年来国内外研究现状来看，畜禽养殖动物个体信息监测研究大多围绕自动化福利养殖展开，通过研究提高了动物个体信息监测的自动化程度和精度，大幅降低了信息监测消耗的人力，但还存在一些需要进一步探讨和研究的问题，主要包括以下几个方面：一是动物行为监测智能装备研发。准确高效地采集动物个体信息是分析动物生理、健康和福利状况的基础。目前无线射频识别（RFID）技术在畜禽业中得到广泛应用，对于动物的体重、发情行为、饮食行为等信息监测已有大量研究成果，但对于动物母性行为、饮水、分娩、疾病等信息监测系统研究与实现鲜见报道。动物行为监测传感器大多需要放置于动物身上或体内，这对监测设备的体积、能耗、防水和无线传输等方面都有较高的要求，后续研究需要针对复杂环境下不同行为研发相应的行为监测智能化设备。第二，动物行为模型构建与健康分析。动物行为模型构建是指在动物叫声音频信息、活动视频信息、传感器采集的运动等信息与动物行为分类间建立映射关系，通过音视频和其他传感技术对动物行为进行分类。分析实时采集的动物个体信息，研究动物不同生长阶段的行为规律，与动物行为模型进行对比，超过一定阈值时进行预警。第三，动物福利养殖信息管理系统。动物个体信息与环境、饲养方式、品种以及动物个体与个体之间都有影响，从规模化养殖中采集到的大量动物个体信息数据，如何综合分析，从海量数据中挖掘出有用信息，并建立动物福利养殖信息管理系统还需要进一步研究。

【案例1】

科技合作改变内蒙古鄂尔多斯草原的牧民生活

一句“鄂尔多斯温暖全世界”广告词曾经家喻户晓，如今科技合作改变了内蒙古鄂尔多斯荒漠草原牧民的生产、生活方式。两会期间，全国政协副主席、科技部部长万钢在回答记者提问时，用“北斗放牛”的实例说明我国科技发展给百姓带来的变化，这“北斗放牛”就发生在鄂尔多斯草原上。

“北斗”太空翔，电脑放牧忙。

“牛羊在哪儿吃草，要往哪儿跑，坐在家里全知道，再也不用骑着摩托奔波了。”内蒙古自治区鄂尔多斯市杭锦旗牧民图门桑坐在家里，点击着鼠标说。

杭锦旗实施生态移民工程以来，牧民们都被转移到了离牧区20多公里以外的移民新村，管理牛羊成为困扰牧民们生产、生活的大难题。2014年，在内蒙古科技厅组织下，“卫星放牧系

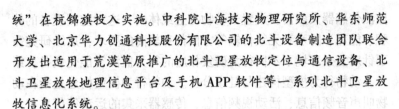

统”在杭锦旗投入实施。中科院上海技术物理研究所、华东师范大学、北京华力创通科技股份有限公司的北斗设备制造团队联合开发出适用于荒漠草原推广的北斗卫星放牧定位与通信设备、北斗卫星放牧地理信息平台及手机APP软件等一系列北斗卫星放牧信息化系统。

山羊住黑棚，暖季也增绒

阿尔巴斯绒山羊是荒漠草原上的优良畜种，羊绒珍贵。山羊天冷才生绒。鄂尔多斯市鄂托克前旗北极神绒牧业研究所研究员巴雅斯胡良发现了在黑棚光控条件下绒山羊暖季增绒的现象，总结出绒山羊增绒技术并在当地推广。据此，自治区科技厅于2014年组织内蒙古农牧业科学院、鄂托克前旗北极神绒牧业研究所、普盛能源集团与蒙古国草业协会4家国内外科研部门，共同实施科技部国际科技合作专项——蒙古高原绒山羊生态养殖技术模式研究与应用项目。

通过技术集成，项目示范区绒山羊暖季平均增绒量已达到传统冷季羊绒产量指标，平均个体产绒量年增加50%~70%，产绒从一年一茬突破到一年两茬。平均每只羊纯增收益141.85元。鄂托克前旗牧民苏亚乐图算了一笔账：“我养的羊有200只，在黑棚里面搞科技增绒后，每年产两茬绒让我的纯收入增加近3万元。”

【案例2】

辽宁铁岭——防治畜禽养殖污染靠卫星

眼下，人们熟知的卫星定位系统多用在交通运输、抢险救灾等方面，而让人惊喜的是，在辽宁省铁岭市的畜禽养殖污染防治过程中也用上了卫星定位系统，显著提高了污染防治效果。

为加快畜禽养殖污染防治工作进程，铁岭市环保局在逐村逐户调查的基础上，采用GPS卫星定位，绘制了全市畜禽养殖状况电子地图，涵盖企业名称、地理位置、养殖品种、年存出栏量、周边农业用地面积及粪污治理现状等信息，并依据调查结果，最终选定370家规模化畜禽养殖场作为分批治理重点。有了畜禽养殖状况电子地图，铁岭市的畜禽养殖污染防治精准到位，工作效率大幅提高，截至目前，已累计减排畜禽养殖形成的COD（化学需氧量，是水体有机污染的一项重要参数。）10 275吨、氨氮666吨，超额完成了上级布置的减排任务。

欧美发达国家对畜禽养殖动物个体信息监测技术的研究起步较早，不仅已有大量动物个体信息智能监测的研究成果，并且部分研究成果已经应用于实际生产。中国对畜禽养殖动物个体信息监测技术研究还处于探索阶段，几乎没有这方面实际生产应用的案例。中国学者应结合中国畜禽养殖的实际情况，综合利用交叉学科知识，研究稳定、高效、低成本、低功耗的畜禽养殖动物个体信息监测系统，以期大幅提高畜禽养殖效益及动物福利水平。

二、智慧水产养殖

近年来，人们逐渐意识到了环保的重要性，也意识到了传统水产养殖业的低级粗放。重要的是高成本、高风险。为了解决传统水产养殖业经济效益放缓和环境污染的问题，“物联网水产技术”作为一个新事物跃入了人们的视野。

我国是世界上第一大水产养殖国，在养殖规模和养殖产量上都位居世界前列；但随着养殖种类的扩大和水资源的开发利用逐渐饱和，传统养殖手段容易造成水体污染、水产品品质下降等不利后果。因此我们不得不抛弃以往粗放式的完全依靠经验进行水产养殖的方式，通过利用新兴技术及时准确的获得养殖环境的数据，做出高效及时的调节成为一种必然。在这种背景下，物联网技术的引入使高效、高产、环保、节约人力成本的水产养殖成为可能。物联网系统以其智能化、可靠性、适应环境能力强等优良特性日益受到人们青睐，以物联网为基础的智能家居，智慧农业等系统逐步走进人们的生活。

长期以来我国水产行业的发展周期长、劳动强度大、生产效率低、对环境破坏严重，这些都严重制约了我国水产养殖行业的健康发展；面对我国日益增长的水产品消费人群，以及大众对绿色环保的水产品要求不断提高，传统的养殖方式越来越不能满足大众的需求。而物联网技术的发展为这一问题的解决提供了有利的支撑。根据调查结果显示，使用物联网技术实施水产养殖的水产品品质远远优于粗放式养殖的水产品，同时可以有效节约成本达20%以上，使渔民亩产增收一千元以上。在提高水产品品质和节约人力成本的同时对于环境的破坏也明显改善，同时可以为防治水体污染提供数据支持。因此物联网的应用使养殖自动化成为未来水产养殖的趋势。伴随着科技的发展，智能水产养殖逐渐成为了可能。以智能传感技术、智能处理技术及智能控制技术等物联网技术的智能水产养殖系统为代表，一系列拥有信息实时采集、信号无线传输、智能处理控制、预测预警信息发布和辅助决策提供等功能于一体，通过对水质参数的准确检测、数据的可靠传输、信息的智能处理以及控制机构的智能化自动化的设备已经成功地帮助养殖户实现了新时代水产养殖的自动化科学管理。

发展智慧型渔业，其实质是用现代先进的数字技术、信息技术装备传统的渔业生产，以提高渔业生产的科技水平，使渔业生产不受气候、赤潮等影响，还可更好地控制成本。利用信息技术对农业生产的各个要素进行数字化设计、智能化控制、精准化运行及科学化管理，力求能减少农业消耗，降低生产成本，提高产业效益。作为物联网水产科技的代表，水产养殖环境智能监控系统是面向新时代水产养殖高效、生态、安全的发展需求，基于物联网技术的使用，集水质采集、智能组网、无线传输、智能处理、预警报告、决策支持、智能控制等功能于一身的物联网水产系统，概而言之，渔民们无需担心其他事情，只需智能手机在手，便可养鱼无忧。

智慧水产养殖系统由智能化电脑控制系统和水循环系统两部分组成。智能化电脑控制系统包括系统软件、360°探头、水下感应器、养殖设备、互联网服务器等软硬件构成；水循环系统包括过滤设备和微生物降解设备。在智能控制中心，监视屏上方正显示鱼塘实时的监控画面，下方显示出每个鱼塘的溶氧量、水温、pH 值等各项指标。即使你不亲自去现场，水塘的环境情况也会一目了然。如果某项数值超过或低于警戒值，系统就会自动启动相应设备处理问题。而这一切都是依靠互联网连接智慧渔业养殖系统来完成。系统跟养殖者的手机对接上，就随时可以监控养殖情况。真正地做到“坐着喝茶就能养鱼。”当然，养殖过程会产生排泄物，令水中的氨氮含量以及其他杂质增多，导致溶氧量降低。这个时候系统上就会显示警戒指标，并启动水循环设备，确保鱼塘不仅全天候恒温，水质也保持在适宜鱼生长的环境。到了投饵的时间，与系统相连的智能打印机将根据当前水文环境打印出投饵方案，按照方案直接投饵就可以了。

【案例 1】

用得起、用得好，打造物联网水产养殖一流平台

——江苏中农物联网科技有限公司

一、基本情况

江苏中农物联网科技有限公司，注册资金 1 050 万元。公司位于江苏省宜兴市，主要从事基于农业物联网智能感知控制系统集成应用，重点在水产养殖、畜禽养殖、设施园艺、大田种植、水利灌溉、生态环境等领域开展农业技术、传感技术、测控技术、通讯技术、计算机技术的集成应用。公司致力成为全国技术最领先、规模最大的农业物联网高新技术企业，现有研发人员

30多名，获得授权发明专利10项、实用新型专利10项、软件著作权20多个；获得省部级二等奖4项、公司先后投入1千多万用于水产养殖物联网建设，开展农业物联网项目示范应用，研发成果已在全国诸多省市得到广泛的推广应用。

公司自成立以来，得到国家发改委、农业部、科技部、江苏省农委、科技厅等部门的高度重视和大力支持。先后获批"江苏省水产养殖智能控制技术标准化示范基地""江苏省农业物联网示范基地""国家物联网应用示范工程""国家农业物联网示范基地"，先后承担"江苏省农业物联网示范项目""国家信息化建设工程项目"。2013年获批"江苏省（中农）农业物联网工程技术研究中心""全国农业农村信息化示范基地"，2015年被认定为"江苏省科技型中小企业"。

公司研发产品进入市场后，取得良好的社会效益和经济效益，受到广大用户的好评和欢迎。为了加快创新，2013年公司研发投入达38.21万元，占公司销售收入4.1%；2014年公司研发投入达50.20万元，占公司销售收入4.8%；2015年公司研发投入达82.10万元，占公司销售收入5.21%。

二、主要做法

近年来，针对我国传统水产养殖生产效率低，养殖风险大、劳动强度高、水体污染严重等突出问题，围绕水产养殖的实际需求，开展了水产养殖环境感知、自动饲喂控制、智能处理调控、智能监控、水产养殖物联网大数据服务平台等关键技术的大规模应用与示范。

1. 坚持市场主导，创新推广机制

坚持以市场为导向，按照水产养殖的实际需求和养殖户经济承受能力，进行水产养殖物联网智能监控系统的功能设计和设备开发，将市场推广应用的效果作为检验系统的主要标准。针对系统维护任务重、成本高的问题，立足当地资源，成立合作社。针对河蟹销售的80%是通过水产批发市场进行的特点，积极联系水产流通协会市场分会，打开了上海铜川路市场的销售渠道，帮助农户销售近500万元，积极参加2015年11月举行的“王宝和杯”全国河蟹大赛，进一步助推“宜兴大闸蟹”品牌的知名度和美誉度。

2. 制定应用标准，加强培训指导

为规范水产养殖物联网智能监控系统的发展，促进技术参数、设备材料、应用环境等方面的有效衔接，积极推动各示范点制定系统应用技术规范，为相关行业标准和地方出台打下基础。经过积极争取，公司参与农业行业标准《水产养殖溶解氧智能监控设备标准》、江苏省地方标准《中华绒螯蟹智能养殖操作规程》的制定，为推动水产养殖物联网智能监控系统的产业化发展，打下了良好的基础。同时，聘请上海海洋大学成永旭教授进行河蟹生态养殖的培训。聘请中国农大李道亮教授进行水产物联网技术的培训。采用多种形式开展了水产养殖物联网知识、河蟹疾病远程诊断、质量追溯数据电子录入、河蟹营销电子商务等一系列培训活动。在培训中，养殖户们学习气氛浓烈，就养殖过程中遇到的重点难点问题向专家讨教。公司还将系统编印成养殖户“看得懂、信得过、用得上”的宣传材料，促进了系统的规范应用和技术普及。

3. 拓展智能服务，构建产业联盟

为扩大池塘养殖智能监控系统的应用范围，引导和拓展市场需求，积极挖掘系统的信息、用户、平台资源，开发了精准投喂、远程诊断、质量追溯等智能服务功能，为水产养殖智慧服务打下了基础。2016年3月，公司联合中国农业大学、全国水产技术推广总站，全国60多个相关科研院所、院校、推广机构、企业，在全国率先成立了中国渔业物联网与大数据产业技术创新战略联盟，有力推动了技术创新和示范推广平台进一步升级。

三、经验效果

(1) 国内率先组织制定了水产养殖物联网相关标准2项(农业行业标准1项、江苏省标准1项)，为促进水产养殖物联网技术规范应用打下了基础。

(2) 申请国家专利16项、受理专利8项，授权专利8项，软件著作权2项，公开发表文章2篇，项目研发“水产养殖物联网关键技术与设备”获江苏省2014年科学技术二等奖；项目成果经2016年农业部科技发展中心的成果评价。

(3) 项目技术转化开发的水产智能监控相关系统和设备，通过江苏省农机鉴定站的农机推广鉴定，列入江苏省2013—2015年与2016—2018年农机补贴目录，开创了全国农业信息化设备补贴的先河，促进了物联网技术在水产养殖中的应用。

(4) 构建了以市场为导向、以企业为核心、以公共推广平台为支撑，“政、产、学、研、推、用”六位一体的技术创新协作体系和产业化发展配套体系，促进了国内首个中国渔业物联网和大数据产业联盟的建立，促进了水产养殖物联网的产业化进程。

(5) 经济效益，持续增长。2013—2015年，产品在北京、天津、河北、辽宁、上海、江苏、浙江、安徽、福建、江西、山东、湖北、湖南、广东、广西、海南、四川、宁夏、云南、新疆等20个省份（区）推广应用，取得了显著的经济效益。

(6) 生态效益，实现了养殖节能减排。通过优化推进精细化养殖，提高了资源利用效率，降低水、电等养殖能耗，减少了养殖废水排放，形成了集约高效、生态环保、资源节约的现代养殖模式。精细投喂减少了饲料浪费，防止了水质恶化，减少了养殖病害和用药，改善了养殖水体环境，保障了农村水域的生态环境安全。

(7) 社会效益，有效促进了农民增收。大幅降低了养殖者劳动强度，使传统辛苦养殖变为幸福养殖，提升了养殖农民生活幸福指数；能促进农村新业态的形成。系统推广应用带动了智能监控设备、增氧投饲设备、运维服务发展，促进了农村电商等新的业态形成，吸引了青年农民回乡从事养殖生产经营。

(8)“互联网+”现代农业发展。水产养殖物联网技术的应用推广，是农业信息化的重大突破，其以新技术、高可靠、低成本、易操作等优势，占领农业信息化市场，通过“互联网+农业”，必将对传统农业产生颠覆式的改变，对农业现代化将带来革命性的推动。

(9) 成效显著，各方反应客观公正。公司研发生产的水产养殖物联网技术和产品进入市场以后，受到社会大量的密切关注。尤其是全国各地用户普遍反映公司产品不仅技术领先、操作简便、安全可靠，而且，大大减轻了劳动强度、节约了生产成本。中国农业大学、南京农业大学等相关专家教授对公司技术和产品也十分推崇，并列为深入研究课题。

【案例 2】

当物联网傍上“三农”

——无锡移动智能水产养殖应用

传统的水产养殖业常以牺牲环境资源和高消耗等粗放式饲养方式为主要特征——既耗时费力，又单凭经验很难预知水质变化和养殖病害，经济效益低、水体污染严重。江苏省宜兴市高塍镇紧邻滆湖，素来以养殖大闸蟹闻名，养殖水域超过五万亩。随着养殖规模的不断扩大，蟹农们普遍反映由于人手不足造成管理困难，不仅效率低，还影响了蟹苗的存活率和螃蟹的养殖质量。作为国家“传感网”创新示范区，无锡在构筑产业优势的同时，对民生应用领域规模化、产业化的物联网示范项目需求始终保持着高度的敏锐性。2011 年 3 月，就在蟹农们犯愁的时候，由无锡移动、中国移动物联网研究院、宜兴市农林局、中国农业大学联手打造的省内首个物联网水产养殖基地悄然落户高塍镇鹏鷂生态园，形成“政府牵头、高校开发、运营商落实”的“政、学、研、产”一体化项目推进模式，联合打造智能水产养殖系统，帮助蟹农实现对养殖区域的信息化管理。宜兴农林局负责规划指导、拨专项资金扶持，中国农业大学负责软件开发，提供传感设备、技术支撑，无锡移动提供网络层技术支持和相关应用整合，最终实现农户受益。智能水产养殖系统基于智能传感、无线传感网、通信、智能处理与智能控制等物联网技术，集水质环境参数在线采集、智能组网、无线传输、智能处理、预警信息发布、决策支持、远程与自动控制等功能于一体，由水环境监测站、水质控制站、现场及远程监控中心和中央云处理平台等子系统组成，通过对水质参数的准确检测、数据的可靠传输、信息的智能处理以及控制机构的智能控制，实现水产养殖的科学养殖与管理，最终达到节能降耗、绿色环保、增产增收的目的。

蟹农坐在电脑前点点鼠标，敲敲键盘，足不出户就可以管理几十亩的养殖水塘。这不就是风靡一时的网络游戏“开心农场”在现实中的翻版吗？无锡移动用大量传感器节点组成网络监控，帮助蟹农在养殖过程中及时发现问题，准确定位，采取远程智能操控手段解决问题。远程增氧：蟹农通过互联网、手机终端登录“水产养殖监控管理系统”，就可随时随地了解养殖塘内的溶氧量、温度、水质等指标参数。譬如溶氧量，绿色代表溶氧正常，黄色代表溶氧偏低，红色代表预警。一旦发现某区域溶氧指标预警，只需点击“开启增氧器”，就可实现远程操控。今年56岁的史老伯是位有着10余年水产养殖经验的老蟹农，他深有感触地说：“以前养螃蟹，一年到头都不敢离开池塘一步，尤其是晚上怕天气突然变化，池塘缺氧导致鱼蟹死亡，值守在塘边整宿不睡是家常便饭。现在好了，就算外出旅游心里都踏踏实实的，随时可以用手机操控增氧器。”智能投喂：蟹农用手机发送短信指令到中心平台，即可操控自动投喂机按预先设定的间隔时长、投喂量为塘区的养殖物投喂饲料。指令发送后，不在现场的蟹农还可以通过网络视频监控系统实时监测塘区水面状况，避免误操作引发的损失。蟹农周宝银说：“以前投喂，每天要跑两圈，一家四口都不够使，有了自动投喂机方便多了，按时点点鼠标就完事了，我家的几十亩水塘，不到10分钟就全部搞定！”预警资讯：监控中心管理人员还可根据塘区的历史数据积累，判断可能发生的天气变化，通过平台向所有蟹农发送天气预警、养殖物疾病预警等信息，提醒蟹农采取增氧、移植水草、清塘消毒等相应的防范措施。小张师傅二十出头，今年头回养螃蟹。他告诉记者：“我算是新手，经验肯定比不上那些老蟹农，这个预警资讯对我可太重要了，什么时候该干什么，就跟手把手教似的，你看，我养出的螃蟹可不比他们的差！”除了以上智能化的养蟹功能外，智能水产养殖系统还具备产品溯源功能，系统能全程记录养殖物生长的历史数据，在产品销售环节，为消费者提供溯源通道，搭建产销沟通平台，让消费者放心消费。截至今年6月，无锡移动已为宜兴蟹农累计安装水质参数采集设备1 000余个，覆盖河蟹养殖水域5万亩，服务水产养殖户1 000余户，实现了远程视频监控。蟹农们表示，物联网里“养螃蟹”，不仅管理轻松，收益还高，赶上这种好事，谁不在心里偷着乐。当物联网傍上“三农”作为农业物联网示范应用标杆，智能水产养殖系统改变了传统的水产养殖方式，促进了水产养殖的增产增收，减少了农民工作量。自从系统上线以来，对养殖户的塘养蟹苗实施活性和数量长期监测，实现了科学的信息化管理，缩短养殖周期、减少养殖风险、降低生产成本、提高水产养殖的技术水平与品质管控能力，蟹苗存活率提升了10%～15%，每亩综合经济效益增加

1 000元左右。智能水产养殖应用一直受到农业部、发改委、江苏省政府的高度关注。早在2011年8月，农业物联网中国农业大学宜兴试验站即正式落户宜兴市高塍镇。时任江苏省委常委、副省长黄莉新曾亲赴现场为试验站揭牌，她说："现代高效农业是朝阳产业、富民产业、幸福产业，有着'先进、实用、增效'的特点，宜兴现代高效农业发展速度快、质量高，为物联网技术的运用提供了良好的产业平台，前景广阔，潜力巨大。"智能水产养殖系统实施时间短、收效快，适用于所有集约型农业生产基地，适用于农业生产与机电控制相结合的生产类型，适用于有远程监控需求的承包制单位，项目适用面广，受众群大，具有良好的推广前景，为智能化、数字化、规模化的现代农业发展提供了样板。同时，该系统提供多种扩展接口，在其他农业生产上同样适用，可以加强对传感终端的管理，实现无缝接入该平台。目前，该系统已应用到茶叶除霜、养鸡脚标、智能大棚、养猪溯源等领域。对于我国人口占比50%以上、占地57%以上的广大农村地区来说，传统农业在向现代农业发展过程中面临着诸如确保农产品总量、调整产业结构、改善农产品质量、生产效益低下、资源严重不足、利用率低、环境污染等问题。信息化对他们而言，是迫在眉睫的需要，也往往是望穿秋水的期盼。"智能水产养殖"的成功，让我们欣喜地看到，当物联网、信息化傍上"三农"，带给他们的是翻天覆地的变化。"智能水产养殖"只是信息化、物联网技术应用于农业生产的冰山一角，以科技推动现代农业向规模化、智能化发展的前景无限广阔，"智慧农村""精确农业""幸福农民"的美好梦想终将成真！

第三节　"互联网+"林业

"互联网+林业"充分利用移动互联网、物联网、云计算、大数据等新一代信息技术，通过感知化、物联化、智能化的手段，形成林业立体感知、管理协同高效、生态价值凸显、服务内外一体的林业发展新模式，其核心就是利用现代信息技术，建立一种智慧化发展的长效机制。具体来讲，“互联网+林业”应具备以下特性。一是信息资源数字化。实现林业信息实时采集、快速传输、海量存储、智能分析、共建共享。二是资源相互感知化。通过传感设备和智能终端，使林业系统中的森林、湿地、野生动植物等林业资源可以相互感知，能随时获取需要的数据和信息。三是信息传输互联化。建立横向贯通、纵向顺畅，遍布各个末梢的网络系统，实现信息传输快捷，交互共享便捷。四是系统管控智能化。利用物联网、云计算、大数据等方面的技术，实现快捷、精准的信息采集、计算、处理等。同时，利用各种传感设备、智能终端、自动化装备等实现管理服务的智能化。五是体系运转一体化。林业信息化与生态化、产业化、城镇化融为一体，使“互联网+林业”成为一个更多功能的生态圈。六是管理服务协同化。在政府、企业、林农等各主体之间，在林业规划、管理、服务等各功能单位之间，在林权管理、林业灾害监管、林业产业振兴、移动办公和林业工程监督等林业政务工作的各环节实现业务协同。七是创新发展生态化。利用先进的理念和技术，丰富林业自然资源、开发完善林业生态系统、科学构建林业生态文明，并融入整个社会发展的生态文明体系之中，保持林业生态系统持续发展强大。八是综合效益最优化。形成生态优先、产业绿色、文明显著的智慧林业体系，做到投入更低、效益更好，实现综合效益最优化。

一、智慧林业的含义和特征

“智慧林业”这一概念提出的时间较短，而且迄今尚没有公认的定义。据《中国智慧林业发展指导意见》中对智慧林业的解释，其基本内涵是指充分利用云计算、物联网、移动互联网、大数据等新一代信息技术，通过感知化、物联化、智能化的手段，形成林业立体感知、管理协同高效、生态价值凸显、服务内外一体的林业发展新模式。智慧林业是智慧地球的重要组成部分，是未来林业创新发展的必由之路，是统领未来林业工作、拓展林业技术应用、提升林业管理水平、增强林业发展质量、促进林业可持续发展的重要支撑和保障。具体分析如下：智慧林业与智慧地球、美丽中国紧密相连；智慧林业的核心是利用现代信息技术，建立一种智慧化发展的长效机制，实现林业高效高质发展；智慧林业的关键是通过制定统一的技术标准及管理服务规范，形成互动化、一体化、主动化的运行模式；智慧林业的目的是促进林业资源管理、生态系统构建、绿色产业发展等协同化推进，实现生态、经济、社会综合效益最大化。

智慧林业的本质是以人为本的林业发展新模式，不断提高生态林业和民生林业发展水平，实现林业的智能、安全、生态、和谐。智慧林业主要是通过立体感知体系、管理协同体系、生态价值体系、服务便捷体系等来体现智慧林业的智慧。具体内容如下：一是林业资源感知体系更加深入。通过智慧林业立体感知体系的建设，实现空中、地上、地下感知系统全覆盖，可以随时随地感知各种林业资源。二是林业政务系统上下左右通畅。通过打造国家、省、市、县一体化的林业政务系统，实现林业政务系统一体化、协同化，即上下左右信息充分共享、业务全面协同，并与其他相关行业政务系统链接。三是林业建设管理低成本高效益。通过智慧林业的科学规划建设，实现真正的共建共享，使各项工程建设成本最低，管理投入最少，效益更高。四是林业民生服务智能更便捷。通过智慧林业管理服务体系的一体化、主动化建设，使林农、林企等可以便捷地获取各项服务，达到时间更短、质量更高。五是林业生态文明理念更深入。通过智慧林业生态价值体系的建立及生态成果的推广应用，使生态文明的理念深入社会各领域、各阶层，使生态文明成为社会发展的基本理念。

智慧林业包括基础性、应用性、本质性的特征体系，其中基础性特征包括数字化、感知化、互联化、智能化，应用性特征包括一体化、协同化。本质性特征包括生态化、最优化。即智慧林业是基于数字化、感知化、互联化、智能化，实现一体化、协同化、生态化、最优化。林业信息资源数字化实现林业信息实时采集、快速传输、海量存储、智能分析、共建共享。林业资源相互感知化是利用传感设备和智能终端，使林业系统中的森林、湿地、沙地、野生动植物等林业资源可以相互感知，能随时获取需要的数据和信息，改变以往"人为主体、林业资源为客体"的局面，实现林业客体主体化。林业信息传输互联化是智慧林业的基本要求，建立横向贯通、纵向顺畅，遍布各个末梢的网络系统，实现信息传输快捷，交互共享便捷安全，为发挥智慧林业的功能提供高效网络通道。林业系统管控智能化是信息社会的基本特征，也是智慧林业运营基本要求，利用物联网、云计算、大数据等方面的技术，实现快捷、精准的信息采集、计算、处理等；应用系统管控方面，利用各种传感设备、智能终端、自动化装备等实现管理服务的智能化。林业体系运转一体化是智慧林业建设发展中最重要的体现，要实现信息系统的整合，将林业信息化与生态化、产业化、城镇化融为一体，使智慧林业成为一个更多的功能性生态圈。林业管理服务协同化，信息共享、业务协同是林业智慧化发展的重要特征，就是要使林业规划、管理、服务等各功能单位之间，在林权管理、林业灾害监管、林业产业振兴、移动办公和林业工程监督等林业政务工作的各环节实现业务协同，以及政府、企业、居民等各主体之间更加协同，在协同中实现现代林业的和谐发展。林业创新发展生态化是智慧林业的本质性特征，就是利用先进的理念和技术，进一步丰富林业自然资源、开发完善林业生态系统、科学构建林业生态文明，并融入到整个社会发展的生态文明体系之中，保持林业生态系统持续发展强大。林业综合效益最优化是通过智慧林业建设，形成生态优先、产业绿色、文明显著的智慧林业体系，进一步做到投入更低、效益更好，展示综合效益最优化的特征。

可见，智慧林业是基于数字林业，应用云计算、物联网、移动互联网、大数据等新一代信息技术发展起来的。在数字林业的基础上，智慧林业具有感知化、一体化、协同化、生态化、最优化的本质特征。智慧林业把林业看成一个有机联系的整体，运用感知技术、互联互通技术和智能化技术使得这个整体运转得更加聪明、高效，从而进一步提高林业产品的市场竞争力、林业资源发展的持续性以及林业能源利用的有效性。

二、智慧林业的内容和作用

智慧林业的提出符合林业现代化的需求，智慧林业是林业发展的自身需求，是我国生态建设的必然要求，也是全球化视角下地球村互相融合、人类社会和谐发展的重要举措。就林业发展来看，智慧林业是其自身转型升级的内在需求。林业正在发生由以木材生产等为主向生态建设为主的历史性转变。国际社会对林业给予了前所未有的重视，联合国强调“没有任何问题比人类赖以生存的森林生态系统更重要了，在经济社会可持续发展中应赋予林业首要地位”。我国已确立了以生态建设为主的林业发展战略，把发展林业作为建设生态文明的首要任务，这意味着我国林业必须承担起生态建设的主要责任，打造生态林业、民生林业成为目前我国林业的主体目标与任务。利用智慧林业，我们可以摸清生态环境状况，对生态危机作出快速反应，共建绿色家园；更智能地监测预警事件，支撑生态行动，预防生态灾害。同时，发展智慧林业，建立相应的一体化、主动化管理服务体系和生态价值考量体系，可使林业的民生服务能力得以加强，生态文明的理念得以深入社会各领域与各阶层，符合林业自身发展的客观需求。

"互联网+"是大势所趋，也是推动创业创新的有力支点。推动"互联网+林业"有这样几个关键环节必须密切关注。一要确立发展思路。"互联网+林业"发展到"智慧林业"分三个层面，也可以说是三个步骤。然而，就林业产业现状来看，按三个步骤一步一步来，是很难做得的。主要原因一是投资不足，互联互通不可能做到全覆盖，更别说智能工作和生活；二是产品价值低，依托现有产品开发出来的商业模式不具备较强竞争力。依托现状，首先要突出森林的生态价值，从政府层面加大对森林资源的智能化管理与服务的投入，建立建成更为完备的互联互通网络；同时，利用森林的经济价值，从企业层面扩大电子商务的推广运用率，换取较大的经济利益，为林产品提质上档提供经济支撑。二要明确发展重点。"互联网+林业"，不是简单的叠加。仅仅只是做个网站，开通微信功能，把森林资源推到线上交易，这样的"互联网+林业"是没有前途的。通俗来讲，"互联网+林业"就是要把森林资源通过物联网达到人和物的交互，实现信息采集、计算、共享。要注重"物联"的开发与运用，重点是在林业管理、森林防护、智能办公等方面开展深层次合作，运用云计算、大数据、物联网、可视化等技术，建设包含林业"三防"一体化信息化平台、综合监测监控系统、业务信息实时共享平台、智能办公等信息化项目，实现智能办公、视频监控（含无人遥感飞机视频接入）、林业资源、扑火指挥、远程调度、空间分析、疫区管理、位置服务、整合信息等多项智能应用。这是基础，是重中之重，要以政府部门牵头为主。有此基础，才能充分运用物联数据，开发商业模式。三要选择商业模式，把建立商业模式与实现互联互通同步进行。举个例子，传统销售渠道中，产品通过一次批发、二次批发，将造成较大的流通成本，而这些成本最终都转嫁到消费者身上。开通电子商务，在林产品中植入带有产品信息的芯片，实现“O2O”线上交易，消费者可通过手机扫描获取单个产品的产地、出厂价等信息。这样，产品本身就成为一种宣传渠道和销售渠道，受益的将是厂商和消费者。建立这样的商业模式，需要广泛运用物联网、大数据、云计算。在此基础上，可进一步拓展无线互联，将林区的林产品销售、交通路线、旅游景点、餐饮场所、银行等涉林产业整合起来，逐步建立网上林区，形成林业行业互联网。当然，互联网的商业模式也不仅仅只这一种，还需要根据实际情况灵活运用。

紧紧围绕打造智慧林业、建设美丽中国的发展思路，充分利用新一代信息技术对资源深度开发及管理服务模式转型的创新力，结合当前林业信息化发展的基础与急需解决的问题，根据我国智慧林业的重要使命、本质特征和发展目标，以打造生态林业和民生林业为重要切入点，通过“资源集约、系统集聚、管理集中、服务集成”的创新发展模式，积极推进智慧林业立体感知体系、智慧林业管理协同水平、智慧林业生态价值体系、智慧林业民生服务体系、智慧林业标准及综合管理体系等5项任务建设，全面实现智慧林业的战略目标。

1. 加快建设智慧林业立体感知体系

按照“把握机遇、超前发展、基础先行、创新引领”的原则，坚持技术创新、模式创新，加快林业宽带网络及感知网络建设，为智慧林业的发展创造良好的信息基础设施条件。以国家下一代互联网计划及宽带中国战略的实施为契机，积极推进林业下一代互联网建设，为林业系统提供安全、高速的下一代互联网，为林业物联网的接入做好准备。大力推进林区无线网络建设，引导区内电信企业加大投入力度，在林区办公场所、交通要道、重要监测点等区域实现无线宽带网络的无缝覆盖。全面加强各种传感设备在林业资源监管、林产品运输等方面的布局应用，为动态监测植物生长生态环境、有效管理林业资源提供支撑。有序推进以遥感卫星、无人遥感飞机等为核心的林业“天网”系统建设，打造高清晰、全覆盖的空中感知监测系统。积极推进林业应急感知系统建设，打造统一完善的林业视频监控系统及应急地理信息平台，为国家、省、市、县等四级林业管理部门提供可视化、精准化的应急指挥服务。

(1) 林业下一代互联网建设工程。按照高端、前瞻性的原则，加快国家林业信息专网的升级改造，建设下一代林业互联网，完成具有管控、网络服务等功能的 IPv6 网络运行管理与服务支撑系统。整个网络纵向采用树形结构设计，国家林业局为根节点；各省区市林业厅局分节点与国家林业局形成星型连接，成为一级节点；各地市林业局与省区市级形成星型连接，成为二级节点，各县市林业局与地市形成星形连接，从而构建国家、省、市、县四级网络架构。不断扩充现有省级出口带宽及国家林业局下联各省级带宽，打造统一的林业下一代互联网，以满足国家林业系统各类业务模块和快速传输大数据量的遥感影像、GIS 数据、音视频数据等需要。

(2) 林区无线网络提升工程。按照分级推进、多种方式结合的原则，大力加强与国家电信运营商的合作，选择一些基础条件好、发展较快的林区，积极推进我国重点林区的无线网络建设，提高林区的通信能力及监测管理水平。林区无线网络以公众网为主、以林区自建数字超短波网为辅，合理共享网络资源，同时实现多制式、多系统共存，形成高速接入、安全稳定、立体式无缝化的覆盖网络，为林区管理服务部门及公众提供无线网络服务，为物联网和智能设施在林区的应用提供网络条件。

(3) 林业物联网建设工程。国家已启动了智能林业物联网应用示范项目，主要是基于下一代互联网、智能传感、宽带无线、卫星导航等先进技术，构造一体化感知体系。为了快速提高林业智能监测、管理服务、决策支持水平，需进行统一规划布局，主要从重点林木感知、林区环境感知、智能监测感知网络等方面展开林业物联网建设。

(4) 林业“天网”系统提升工程。“天网”系统的规划布局，包括林业遥感卫星、无人遥感飞机等监测感知手段为一体。重点建设国家卫星林业遥感数据应用平台，提供对林业资源综合监测所需的各类遥感信息及数据处理系统、数据产品发布系统以及综合监测遥感数据产品，通过多源卫星遥感数据的集中接入、管理、生产和分发，实现林业各监测专题的遥感信息及平台共享，并与现有的公共基础信息、林业基础信息、林业专题信息以及政务办公信息等整合，提高林业监测效率。

(5) 林业应急感知工程。为适应新形势下林业高效、精准的安全管理需要，打造完善的应急指挥监控感知系统，为各级林业部门提供高效、精准的应急指挥服务。加快林业视频监控系统一体化建设步伐，不断提高林业视频监控资源的共享和协同水平，按照共建共享、统一协同的原则，构建各省区市统一的林业视频监控系统，统一接入到国家林业局，形成国家、省、市、县四级统一林业视频监控系统。实现各级林业管理部门应急指挥监控感知系统的应急联动。基于林业地理空间信息库，建立我国林业全覆盖的、多尺度无缝集成的应急地理信息平台，全面提高应急调度能力和效率，实现可视化、精确化应用与一对多管理，通过健全制度、规范运作、强化考核等手段，实现林业重大事件应急工作的统一指挥协调，提升管理效能和水平。

2. 大力提升智慧林业管理协同水平

按照“共建共享，互联互通”的原则，以高端、集约、安全为目标，依托现有的基础条件，大力推进林业基础数据库建设，重点建设林业资源数据库、林业地理空间信息库和林业产业数据库，加快推进林业信息资源交换共享机制。通过统一规划、集中部署，加快中国林业云示范推广及建设布局。推进政府办公智慧化，规范办公流程，提高办事效率。全面推进中国林业网站群建设，建立架构一致、风格统一、资源共享的网站群，全面提高公共服务水平。加大林政管理力度，建立起行为规范、运转协调、公正透明、廉洁高效的林政管理审批机制。加强林业决策系统建设，为各类林业工作者提供网络化、智能化科学决策服务。

（1）中国林业云创新工程。智慧林业作为林业协同发展的新模式，需要用物联网实现全面的感知，实时、准确地获取所需要的各类信息，并通过云计算平台实现信息共享、价值挖掘、安全运营等。云平台是实现智慧林业的关键，需要通过统一规划、集中部署，加快中国林业云示范推广及建设布局步伐，早日建成全面统一的林业云平台。中国林业云主要建设内容包括林业云计算数据中心、云数据交换与共享平台、虚拟资源池平台（虚拟主机、虚拟桌面）等。林业云计算数据中心采用先进的云计算技术，借助弹性的云存储技术和统一云监控管理等软件，结合全国林业部门各业务系统接口特点，开发出一套适合林业系统两级架构的云数据资源中心，实现数据的高效交换、集中保存、及时更新、协同共享等功能，并为扩展容灾、备份、数据挖掘分析等功能做必要准备。加快中国林业云平台的创新应用，逐步将林业管理部门内部及面向社会提供公共服务的应用系统向林业云平台迁移集中，实现国家林业信息基础设施、数据资源、存储灾备、平台服务、应用服务、安全保障和运维服务等方面的资源共享。在中国林业云上全面部署综合监测、营造林管理、远程诊断、林权交易、智能防控、应急管理、移动办公、监管评估、决策支持等应用，实行集约化建设、管理和运行。

（2）林业大数据开发工程。按照统一标准、共建共享、互联互通的原则，以高端、集约、安全为目标，积极推进全国林业系统三大基础数据库建设，加快林业信息基础设施的全面升级优化，实现全国林业资源透彻感知、互联互通、充分共享及深度计算，为智慧林业体系的建设打下坚实基础。以现有森林资源数据库、湿地资源数据库、荒漠化土地资源数据库、生物多样性数据库等四项专题库为基础，按照统一的数据库编码标准，收集、比对、整合分散在各部门的基础数据，立足国家、省、市、县林业管理部门和公众对林业自然资源的共享需求，确定包括资源类别与基本信息等方面的数据元，形成林业系统自然资源数据库的基本字段，建立全国统一标准的林业资源数据库，建立全国统一的林业产业数据库，实现林业产业信息的共享，提高各级林业部门的工作水平和服务质量，提高社会各界对林业产业发展的研究水平，提高林业产业统计对林企、林农的服务能力，为林业宏观管理决策提供科学依据，为林业信息服务提供支持。充分利用3S、移动互联网、大数据等信息资源开发利用技术，基于目前的林业空间地理数据库和遥感影像数据库，构建全国统一的林业地理空间信息库，实现对全国林业地理空间数据库的有效整合、共享、管理及使用，为各级林业部门提供高质量的基于地理空间的应用服务，消除“信息孤岛”，避免重复投资。

(3) 中国林业网站群建设工程。依据智慧林业建设目标，充分利用云计算、移动互联、人工智能等新一代信息技术，全面整合各领域、各渠道的服务资源，进一步扩充功能，进一步完善系统，构建智能化、一体化的智慧林业网站群。构建国家林业系统从上至下的门户网站群平台，把全国林业系统政府网站作为一个整体进行规划和管理，实现数据集中存储和智能化调用，系统的统一维护和容灾备份，实现林业系统间的资源整合、集成、共享、统一与协同，降低建设成本和运营成本，提高效率，方便用户使用，提高用户满意度。

(4) 中国林业办公网升级工程。中国林业办公网升级改造包括智慧林业移动办公平台与智慧林业综合办公系统。一是智慧林业移动办公平台。充分利用新一代互联网、下一代移动互联网技术，在中国林业网设置智慧林业移动办公平台统一入口，平台包括移动公文处理模块、移动电子邮箱模块、实时展现模块、移动信息采集模块、移动 APP 模块等。智慧林业移动办公平台的建立，可以通过笔记本电脑、手机、PDA、智能终端等移动终端设备，随时随地访问应用系统，满足行政管理业务需求，提高工作效率及协同性，进一步提高政务管理的智慧化水平。二是桌面云办公系统。利用云计算技术，构建一个安全可靠、稳定高效、结构完整、功能齐全、技术先进的桌面云办公系统，林业系统工作人员可以通过客户端设备，或者其他任何可以连接网络的设备，用专用程序或者浏览器，利用自己唯一的权限登录访问驻留在服务器端的个人桌面以及各种应用，实现随时随地办公，提高办事效率。桌面云办公系统以目前综合办公系统为基础，其功能除构建领导专区、公文办理、会议办理、事务办理、综合管理外，增加学习培训功能，发布内外部学习培训内容，以提高林业系统人员素质。

（5）智慧林政管理平台建设工程。林政管理是根据林业管理的实际需要，依照林业相关政策法规，对林业经营、采伐、流通和行政执法等进行的管理，其主要目的是建立起行为规范、运转协调、公正透明、廉洁高效的林政管理审批机制，促进林业的健康稳步发展。智慧林政管理平台依托云计算技术、大数据挖掘技术等，建设包含林业经营管理、林权管理、林木采伐流通管理和林业行政执法的多级行政管理平台，整合林权、经营、执法等数据，建立智慧林政管理平台，满足实际业务需求，实现随时随地对全国范围内林政信息的实时、科学、全面管理，为林农、企业提供高效、高质、全天候的服务。

（6）智慧林业决策平台建设工程。为了提高决策的科学性、预见性、针对性、智能化，依托林业基础数据库，以云计算、物联网、大数据技术、辅助决策技术等新一代信息技术为支撑，整合现有的各类决策系统，建立一体化的智慧林业决策平台，为决策者提供所需的数据、信息和背景资料，帮助明确决策目标和问题的识别，建立或修改决策模型，提供各种备选方案，对各种方案进行评价和优选。一是实时查询子平台。对森林、荒漠、湿地、生物多样性的生长、灾害、保护等状况的数据、照片、视频进行实时浏览、查询、统计，为决策提供基础数据服务，提高林业管理决策能力。二是数据挖掘子平台。对智慧林业海量的各类数据和相关业务数据依照相关的要求进行处理、加工、统计、分析，将大量庞杂的数据信息转化为可为领导决策提供支持服务的决策信息，揭示出相互影响的内在机制与规律。三是预测子平台。通过利用历史数据和现在采集的数据，运用不同林业预测的方法、模型、工具等，对不同类型的海量数据进行加工、汇总、分析、预测，得出所需的综合信息与预测信息，形成发展趋势模型。预测林业将来发展的必然性和可能性，提高林业发展的预警能力，为林业管理决策工作提供依据。四是林业环境智能模拟系统。利用现代建模技术、计算技术及三维技术，基于中国林业云平台及林业地理信息系统，建立林业环境智能模拟系统，科学模拟气候、土壤、水质变化等对林业的影响，及林业发展对生态环境的作用。五是智能化处理子平台。自动化、智能化的分析林业的各种情况和趋势，并依据提前定义和选取的预警指标，设定预警指标临界值，具有自动报警功能，提高决策的及时性。六是成果共享子平台。对林业工作成果，重大事件的处理进行归纳、总结和展示，依据不用的类型设置不同的专题，进行分类管理，提高资源的利用率和针对性，为林业管理者、工作者提供学习平台，为以后的林业决策管理工作提供可复制、可推广、可执行的解决方案，形成林业工作连贯一致的决策体系和发展战略。

3. 有效构建智慧林业生态价值体系

加强林业生态价值体系建设，不断推动林业生态体系发展，重点加强新一代信息技术在资源管理、野生动植物保护、营造林、林业重点工程和林业文化监管方面的应用。加强林业资源的监管力度，利用物联网等新一代信息技术，构建完善的林业资源监管体系。大力推进营造林管理步伐，实现营造林全过程现代化管理。积极推进林业重点工程监督管理平台建设，及时准确地掌握工程建设现状，实现工程动态管理，提高工程管理的科学规范水平。加强林业文化传播，不断推动林业文化体系的发展，重点加快林业数字图书馆、博物馆、文化体验馆等信息化建设。

(1) 智慧林业资源监管系统建设工程。以中国林业基础数据库和现有的资源监管数据库为基础，通过国家和各地林业部门的交换中心，利用分布式数据库技术，提取业务数据，整合目前已建的林业资源综合监管服务体系，建立基于中国林业云的集森林资源监管、湿地资源监管、荒漠化和沙化土地监管于一体的智慧林业资源监管平台，形成一体化、立体化、精准化的林业资源监管系统，实现对45亿亩林地、26亿亩沙地和10亿亩湿地等林业资源的实时有效监管，形成“全国林业一张图”，为国家提供从宏观到微观多级林业资源分布和动态信息，准确掌握林业的历史、现状和趋势，实现国家对林业保护和利用的有效监管。

(2) 智慧林业野生动植物保护工程。野生动植物是自然资源的重要组成部分，保护好野生动植物对于维护生态平衡，构建和谐社会有着积极作用。借助现代信息技术，对野生动植物进行感知，并对海量数据进行灵活高效处理，以提高野生动植物资源监测、管理、保护和利用水平为宗旨，基于生物多样性数据库，以历次野生动植物调查、监测数据为基础，整合各野生动植物保护区监测数据，及时掌握野生动植物现状及动态变化情况，通过对全国野生动植物保护区的智能管理，建设野生动植物资源监测体系和信息管理体系，使野生动植物资源得到保护和利用，野生动植物生态、经济和社会效益得到充分发挥，为野生动植物资源保护和自然保护区管理、开发利用及濒危野生动植物拯救和保护工作提供依据。

（3）智慧林业营造林管理系统升级工程。加快造林绿化，增加森林资源，提高森林质量，是林业的前提和物质基础。通过建设智慧营造林管理系统，实现对重点营造林进行核查和监督，及时获取林地真实情况，减少重复造林现象的出现，为掌握生态状况、正确评估生态建设效益提供科学依据，为实施精细化管理、提高管理效率提供有效手段。通过建立一套完善的感知分析系统，实现覆盖国家、省、市、县级营造林的规划计划、作业设计、进度控制、实施效果及统计上报等环节的一体化管理的智慧营造林管理系统。智慧营造林管理系统可将地理信息系统、数据库、计算机、物联网、传感器等技术高度集成，实现营造林系统的高度智慧化。智慧营造林管理系统将实时观测各节点林木种植及生长情况，有效做好营造林绩效管理工作，实现营造林工程综合信息网上查询发布，为营造林工程质量核查、营造林成果分析及决策提供依据。

（4）智慧林业重点工程监管工程。智慧林业重点工程监督管理平台实现从项目立项、启动、计划、执行、控制至项目结束的全过程管理，对及时准确掌握工程建设现状，改善组织的反馈机能，提高工作绩效等具有重大意义。主要有天然林保护工程管理系统、退耕还林工程管理系统、长江等防护林体系建设工程管理系统、三北防护林体系建设工程管理系统、京津风沙源治理工程管理系统等。为顺应信息社会发展的趋势，满足决策者、项目管理者、项目执行者等的需求，需全面整合信息资源，建立统一的智能重点工程监督管理平台，全面提高工程管理水平，为科学决策提供依据。

（5）智慧林业文化建设工程。加强智慧林业文化馆建设，打造一批有特色、高质量的林业文化馆，包括智慧林业数字图书馆、智慧林业网络博物馆、智慧林业文化体验馆等，全面展示林业生态文化成果，提高人林互动水平，让人们充分体验到林业文化的乐趣，汲取生态文化的营养。

4. 全面完善智慧林业民生服务体系

围绕全面建设民生林业的要求，着力解决林企、林农最关心、最直接、最现实问题，深化信息技术在林业智慧产业、林地智能分析、生态旅游，以及林业智慧商务和智慧社区等公共服务领域的应用，构建面向企业、林农及新型林区建设的综合性公共服务平台，努力提升公共服务水平。加快建设智慧林业产业体系，培育发展林业新兴产业、提升林企两化融合水平，促进林业产业的转型升级。全面建设包括土地成分、土壤肥力、酸碱度、区域环境及现有林业资源等内容的智慧林地信息公共服务平台，为政府、林企、林农等提供实施准确的综合“林业地图”信息服务。大力发展生态旅游，打造智能化、人性化的生态旅游公共服务平台，提高林业自身价值，丰富人们的生活。积极推进林业智慧商务系统建设，打造一体化的林产品电子商务平台，构建完善的智慧林业物流体系及林业物流园，为林业企业及民众提供智能化、整体化的林业商务服务。大力加强林业智慧社区建设，通过建立智慧社区服务系统，为林农、林企提供包括信息推送、在线证照办理、视频点播、远程诊断等服务，全面提高对林区的服务水平。

（1）智慧林业产业培育工程。加快新兴科技与林业的有机融合，促进新技术、新产品和新业态的发展。围绕发展潜力大、带动性强的林业生物产业、新能源产业和新材料产业、碳汇产业等新兴领域，立足现有企业和产业基础，利用新一代信息技术，攻克一批关键技术，促进信息化在产业发展中的应用，延伸上下游产业链，着力突破新兴产业发展的瓶颈制约，促进高新技术产业化。

(2) 智慧林业两化融合工程。加快林业产业的信息化建设步伐，以企业为载体，加强信息技术在生产、制造、流通、销售等各环节的应用，提升林业企业两化融合水平，全面提高我国林业生产管理水平及产业竞争力。一是林业生产装备智能化。林业机械化、信息化、智能化、服务化是智慧林业生产的重要内容和显著标志，加快林业技术装备发展步伐是转变林业发展方式的重要途径。加快对先进技术的引进、消化、吸收和再创新，积极建立具有自主知识产权的核心关键技术体系，加强现代电子技术、传感器技术、计算机控制技术等高新技术在林业生产装备中的应用。二是林业企业生产管理精细化。以企业为主体，围绕林业采伐运输、生产制造、养殖栽培等领域，提高林业企业信息化水平，推进企业从单项业务应用向多业务一体化、集成化转变，从企业信息应用向业务流程优化再造转变，从单一企业应用向产业链上下游协同应用转变，深化信息技术在企业设计、生产、管理、营销等环节的应用。三是林产品质量监测实时化。加快建立完善的林产品质量监督检验检测体系，实现采伐、运输、生产、仓储、配送、销售等全过程的数据可追溯、质量可监控、信息可查询。

(3) 智慧林地信息服务平台建设工程。加快建设全国统一的林地信息服务平台，基于林业地理空间信息库，建立智能、精准、便捷的林业资源分布图，创建“林业地图”板块，为林业政府部门提供准确的林业资源查询，及时了解林业资源在山间地头的分布情况，为相关用户提供从省到林场的综合性林业信息查询服务。加快全国林地测土配方系统的完善和对接，建立起一个准确了解林地土壤成分及环境状况，诠释土地、树种、土地与树种之间的关系，解决林农植树凭感觉走，靠天吃饭的现状。通过该平台的建设，为林业生产、管理与决策提供服务，为林业政府部门及广大林农及涉林人员了解林业分布、科学营林提供技术咨询，促进我国林业的可持续发展。

（4）智慧生态旅游建设工程。建设智慧生态旅游公共服务平台，为广大消费者、林业生产者等提供便捷化、智能化、最优化的服务，还可以加大对森林公园、自然保护区旅游小区、湿地公园等森林旅游景区的保护，树立优秀生态旅游品牌，全面提升生态旅游的行业形象和综合效益，进而实现可持续发展，主要包括信息查询、景点大全、线路攻略、品牌推广、网上体验、知识管理、规划指导等功能。建立全国林业旅游基础数据库，制定数据采集规程和标准，建立公平、透明、开放的林业旅游行业监管体系，全面提高林业旅游业发展的预测、预警，重点林产品监测分析，重点景区、市场动态监控分析能力，有效支撑节假日和重大活动期间的旅游市场分析运行，提升电子化营销水平，提升人们对林业旅游的认可度和信任度，扩大生态旅游规模。

（5）林业智慧商务拓展工程。通过林业智慧商务拓展工程的建设，构建一种市场信息畅通、规范、高效的林产品流通新模式，为林企和林农提供智能、便捷的服务，提高林业整体效益，促进林业产业的快速健康发展。包括林权交易平台、林业电子商务平台、林业智慧物流系统、林业智慧物流园等。

（6）林业智慧社区建设工程。在我国新型工业化、信息化、城镇化、农业现代化融合发展的推动下，需要找准新的切入点，加快林区信息化建设，提升整体发展水平。规范化、标准化、智能化的智慧社区建设成为促进城乡一体化、提升林区民生质量的重要途径。通过林业智慧社区信息基础设施建设和智慧社区综合管理服务平台建设等，构建一套线上、线下相结合的社区管理服务系统，包括智慧社区政务、社区管理、社区服务、社区生活及林区生产等方面，全面提高林区民生质量。

5. 大力构建智慧林业标准及综合管理体系

根据智慧林业发展目标，按照国家林业行业标准及相关管理制度的要求，优先建设一套智慧林业标准、制度、安全等为核心的综合保障体系，达到有章可循，有力保障智慧林业的建设运营。

(1) 智慧林业标准体系建设工程。标准规范体系建设是智慧林业建设的基础性工作。在智慧林业建设和运行维护的全过程中，要遵循统一的标准、规范和相关技术规定，以保障信息资源有效开发利用，云平台、计算机网络和其他设施高效运行。包括智慧林业总体指导标准，智慧林业信息网络基础设施标准，智慧林业信息资源标准体系，智慧林业应用标准体系，智慧林业管理类标准等。

(2) 智慧林业制度体系建设工程。林业信息化建设需要在遵循国家有关法律法规的基础上，建立健全日常事务、项目建设实施、信息共享服务、数据交换与更新、数据库运行、信息安全、项目组织等管理办法和制度，为林业信息化建设保驾护航。在智慧林业建设运营过程中，需要制定出台更具针对性的智慧林业制度体系。

(3) 智慧林业运维体系建设工程。运维体系是智慧林业建设的根本保障，建立完善的智慧林业运维体系，将对林业系统提高绩效、构建智慧型林业起到至关重要的作用。按照“统一规划，分级维护”的原则，制定智慧林业系统的运维体系。运维体系主要由运维服务体系、运维管理体系、运维服务培训体系、评估考核体系四部分构成。

(4) 智慧林业安全体系建设工程。智慧林业安全的总需求包括物理安全、网络安全、系统安全、应用安全、数据安全、管理安全等，其目标是确保信息的机密性、完整性、可用性、可控性和抗抵赖性，以及信息系统主体（包括用户、团体、社会和国家）对信息资源的控制。

三、“互联网+”开启林业发展新模式

林业的现代化既是美丽中国建设的重要内容，也是生态文明建设的重要保障。而森林资源是林业现代化建设的基础，生态文明的建设也必须依靠林业的优化发展来实现。加强对森林资源的管理与开发是林业工作的核心。但由于长期以来人们在认识上的不重视及过度的索取，致使生态环境遭受了很大程度的破坏，森林资源保护和经营管理的难度进一步加大。如何保护与发展现有的资源，同时恢复已遭到破坏的森林资源，是我们面临的一项非常艰巨的任务。面对这种现状，大力发展智慧林业，推进林业的现代化，不仅能借助先进的技术手段实现实时监控森林生态系统的动态变化，还能够延伸我们的触觉到达复杂的地形，并相应开展有效的救援和保护行动，有利于我们对森林资源进行真正的科学管理与开发，有利于森林生态系统的良性循环。

1. 科学分析形势，准确把握“十三五”林业信息化建设总体思路

当前，全球正快步迈入信息社会，我国正处于全面建成小康社会和现代化建设的关键时期，新一代中央领导集体将“信息化水平大幅提升”纳入全面建成小康社会的重要目标，将信息化建设提升至国家现代化建设的战略高度。习近平总书记指出：“没有网络安全就没有国家安全，没有信息化就没有现代化”。李克强总理指出：“互联网+”对提升产业乃至国家综合竞争力将发挥关键作用。2015 年以来，国务院先后出台《关于积极推进“互联网+”行动的指导意见》《促进大数据发展行动纲要》等重要文件，对信息化建设进行了全面布局。

“十三五”是我国现代化建设的关键时期，也是实现林业现代化的重要时期。深化林业改革，加强资源保护，提升质量效

益，夯实基础保障，加快推进林业现代化，都必须依靠信息化技术的支撑和引领。湖南等省的实践证明，林业信息化对提升林业管理水平、优化林业资源配置、提高产业经营水平、促进生态文化传播和提高人员素质、推动科技进步等具有关键作用。我国多数林区地处偏远，经济社会欠发达，迫切需要运用互联网思维，创新林业治理理念；迫切需要借助现代信息技术，提高林业治理效率；迫切需要依托信息高速公路，改变林区落后面貌；迫切需要通过多元信息服务，实现产业提质增效；迫切需要实施信息惠民，帮助林农脱贫致富。各级林业部门要结合深化林业改革和创新治理体系的最新要求，顺势而为、借势而上，将“互联网+”作为推动“十三五”林业改革发展的重大举措，全面提升林业现代化水平。

加快林业信息化发展，既有良好的基础和机遇，但也存在不少突出问题：一是一些地方对推进林业信息化建设的紧迫性和重要性认识还不深刻，有的还认为林业信息化是信息化部门的事。二是部分单位运用现代信息技术的主动性、融合性、创新性还不够，满足于现有的思维方式和工作定式。三是政策措施、资金投入的支持力度不够，复合型人才缺乏，林业信息化水平不均衡，各自为政的现象依然存在。各地各单位对这些问题要高度重视，认真研究解决，倍加珍惜稍纵即逝的发展机遇，倍加珍惜来之不易的建设成果，以“互联网+”为契机，以引领林业现代化为目标，科学谋划“十三五”林业信息化工作。

(1) 要用互联网思维。互联网时代已经到来，林业工作者要善于运用互联网思维，实现以创新思维谋思路，以融合思维促发展，以用户思维强服务，以协作思维聚力量，以快速思维提效率，以极致思维上水平，敢于打破阻碍，促进开放包容，对全球开放、对未来开放、对全社会开放，完善共建共享的参与机制和创新平台，拓展林业发展空间，拓宽林业投入渠道，让所有关心林业、爱护生态的人都参与到林业现代化建设中来。

(2) 要用大数据决策。以大数据等新一代信息技术为支撑，建立一体化的智慧决策平台，实现林业各类数据信息实时采集、深度挖掘、主体化分析和可视化展现，为林业重大决策提供数据依据和决策模型，及时发现战略性、苗头性和潜在性问题，自动化、智能化分析预判林业各种情况和趋势，提高林业重大决策的科学性、预见性、针对性。

(3) 要进行智能型生产。加速新一代信息技术与林业的深度融合，促进理念创新、技术进步、效率提升，推动林业生产转型升级、创新发展。引入O2O、PPP、电商等模式，加速物品、技术、设备、资本、人力等生产要素在产业领域流动，实现各种资源的合理配置和高效利用，让农民足不出户也可知晓市场行情，盘活林业资产，激发林区活力，提高生产效率，提升产品质量，让大众创业、万众创新在林业开花结果，全面提高林业核心竞争力。

(4) 要协同化办公。按照共建共享、互联互通的原则，打造林业各领域、各环节、各层级智能协同的政务管理信息系统，建立起运转协调、公正透明、廉洁高效的林业管理体系，推进智慧化办公、移动化办公，实现林业全过程信息化管理，进一步提升林业治理能力和治理水平。

(5) 运用云信息服务。充分利用云计算、移动互联网等新一代信息技术，打造中国林业云服务平台，实现各类林业数据高效交换、集中保存、及时更新、协同共享，提供全时空、全媒体林业信息服务，林农、企业、管理部门和社会公众随时随地可云端共享权威、全面、个性化的信息服务，确保优质高效、便捷普惠。

2. 抓住关键环节，大力推进"互联网+"林业建设

"十三五"时期林业建设的重点是推动林业现代化，林业改

革发展、资源保护、生态修复、产业发展等都离不开信息化的支撑和引领。林业信息化要融入林业工作全局，“互联网+”要紧贴林业重点工作，“+”林业最需要的内容，“+”惠林富农益民的项目，“+”我们能做到的事情，先易后难，逐步推进。

(1) 要依托“互联网+”拓展政务服务，实现林业治理阳光高效。目前，我国林业政务服务仍然难以满足不断增长的社会需求，迫切需要加快“互联网+”与政府公共服务深度融合，提升林业部门的服务能力和管理水平。要持续优化中国林业网站群，进一步扩大站群规模，扩展站群类型，实现林业各级部门和各类核心业务全覆盖。要推进中国林业云创新工程建设，实现站群云服务平台统一建设和管理，核心功能统一开发，数据资源统一管理、开放共享。要打造智慧林业决策平台，通过大数据分析系统，对互联网涉林信息进行态势分析，提升智能决策能力。

(2) 要依托“互联网+”深化林业改革，实现资源增长林农增收。“十三五”时期是深化集体林权改革、开启国有林场林区改革的关键时期，林业信息化要紧跟林业改革发展，为林业改革发展注入动力。要运用新一代信息技术，厘清资源资产权属等，加快建设国有林场林区统一的数据库和资源资产动态监管系统，为林场林区资源资产监管提供现代信息技术手段和动态数据，实现对森林抚育、资源资产、企业改制的全程监管和绩效考核，确保资源资产只增不减。要建设智慧林区，及时提供各种信息服务，方便林区群众生产生活，为林区职工民生改善提供精准信息服务。要建立全国统一的林权数据库和林权交易平台，引导林权规范有序流转，盘活林地资源，放活林地经营，搞活林业经济。

(3) 要依托“互联网+”加强资源监管，实现生态保护无缝连接。长期以来，林业资源保护压力有增无减，生态破坏容易恢复难，有的资源甚至永远无法恢复，迫切需要利用信息技术，加快建设林业一张图，构建集森林、湿地、沙地和野生动植物资源监管于一体的智慧林业资源监管平台，加强对全国林业资源进行精准定位、精准保护和动态监管，严厉打击毁林占林、滥伐盗采等破坏森林资源的行为，实现国家对林业资源保护和利用的有效监管。要加强智慧野生动植物保护工程建设，建立野生动植物资源监测体系与信息管理平台，提高野生动植物资源监管、保护和利用水平。要开展林业生态监测与评估物联网应用，为林业生态工程建设和管理提供科学依据。要推进林业大数据开发，建立林业大数据分析模型，提升预测预警及宏观决策能力。

(4) 要依托“互联网+”开展生态修复，实现生态建设科学有序。目前一些地方造林质量不高，重栽植轻管护，造林绿化成果难以巩固，迫切需要利用“互联网+”，加快推进造林绿化精细化管理和重点工程核查监督，科学回答“哪里适合造林”“林子造在哪里”等问题，全面提升生态修复质量。要加快智慧营造林管理系统升级，推广林地测土配方示范应用，实现营造林管理现代化，提高营造林绩效管理水平。要加强智慧林业重点工程建设，实现立项、启动、执行、验收全过程信息化管理，及时准确掌握工程建设现状，提高工作绩效和监管水平。

(5) 要依托“互联网+”强化应急管理，实现生态灾害安全可控。我国是森林火灾、病虫害和沙尘暴灾害多发的国家，生态灾害处置难度大，一旦发生，损失严重，迫切需要利用信息化手段，实现各类信息集中监测管理，加强预警预报和应急指挥，有效防止灾害的发生和蔓延。要打造林业应急感知平台，推广应用“森林眼”等建设成果，实现林业应急指挥监控感知，应急联动，提升应急管理效能和水平。要推进应急监测预警物联网应用，提高综合防控能力和指挥调度能力。要推进林业生态保护北斗示范应用项目，探索形成北斗导航应用新模式，实现国家、省、市、县的多级联动应用。

(6) 依托“互联网+”发展林业产业，实现发展方式转型升级。随着人们生活水平的快速提高，公众对优质绿色的生态产品的需求日益增加，对森林、湿地等自然美景的向往日趋强烈。要以“互联网+”战略为契机，推动林业产业转型升级，拓宽林产品销售渠道，把优质特色林产品和优质森林旅游产品推向社会大众，既实现林业增收，又惠及社会大众。要建设智慧林业产业培育工程，促进信息技术在林业产业中的应用，积极培育产业新业态。要开展林产品质量安全监管物联网应用，实现采伐、运输、生产、仓储、配送、销售等全过程数据可追溯、质量可监控、信息可查询。要推广应用林产品交易平台建设成果，为林企林农提供智能、便捷服务，推动服务业转型，培育服务新业态。要加快智慧林业两化融合，全面提高林业生产管理水平及产业竞争力。要建设国际林产品贸易投资平台，加强国家间的林业经济合作与技术交流，提升我国林业国际地位和影响力。

(7) 依托“互联网+”繁荣生态文化，实现生态事业全民参与。在快速发展的信息时代，弘扬生态文化，迫切需要应用现代信息手段，构建生态文化展示交流平台，加强生态文化传播能力建设，为建设生态文明营造良好的文化氛围。要打造林业全新媒体，在现有“三微一端”的基础上，构建行业微博群、微信群、微视群和移动客户端超市，实现主动推送服务，形成全行业集群化沟通服务新模式。要创新生态文化业态和生态文化传播方式，在在线培训、图书出版、远程教育等方面培育形式多样的新型文化业态，形成全民参与、全民共享的生态文明建设新风尚。要建设智慧林业数字图书馆、博物馆、文化馆等，让人们充分享受林业生态文明成果，汲取林业生态文化营养。

(8) 要依托“互联网+”夯实基础条件，实现林业要素融合慧治。加快林业现代化，迫切需要加强林业宽带网络及信息采集、传输体系建设，进一步夯实和提升基础支撑能力。要充分利用国家电子政务网络，加快网络建设，实现林业全行业网络的互通互联。要继续推进机房等基础设施建设，建成林业大数据中心，实现数据大集中。要尽快建设林业数据灾备中心，确保林业信息安全。

“互联网+”带来的是肯定、是机会、是振奋，必将推进传统行业创新发展，政府、企业都将在全面拥抱“互联网+”战略中获益。然而，“互联网+林业”是一项长期性、系统性工作，需分步骤、分阶段扎实推进。一是整合资源。互联网最大的优势是互联互通，信息共享。推进“互联网+林业”，仅靠单个行业的投入，困难太大。要突破地域、级别、业务界限，充分整合各类信息资源，推进信息化业务协同，提升全行业管理服务水平和信息资源利用水平。比如，在广袤的林区建设无线网络，这个投入是巨大的，但是完全可以整合通信运营商的无线网络，在信号覆盖、资费调整方面做文章，实现无线网络的共享互通。二是融合创新。仅仅把资源进行整合，还是难以保障效益的最大化，还必须做到融合、创新。要集成关键核心技术和机制，实施应用先行、国际同步的标准战略，抢占标准制高点。在林业管理与服务方面，把林地资源、交通通讯、气象动态等等部门、资源、信息有机融合，并在此基础上创新发展“大林业”智能化管理服务系统。在林业产业开发方面，就好比开发“美团”“大众点评”等电商平台一样，将森林旅游景点、特色林产品等，与交通、银行、餐饮、油站等公众设施融合起来，充分运用互联网“+通信”“+交通”“+金融”等模式，创新发展“智慧城市”电商平台，拓展“互联网+林业”的商业模式。三是循序渐进。要从组织管理、顶层设计、基础设施，以及应用示范工程等多维度切入，分基础建设、展开实施、深化应用三个阶段逐步实施。基础建设阶段，要强化顶层设计，要强化信息化成果，林业应急感知系统、林业环境物联网和林区无线网等要优先建设，打牢基础。展开实施阶段，完成营造林管理系统、智慧林业两化融合工程、林业“天网”系统、智慧商务建设工程、智慧林业资源监管工程、智慧林业野生动植物保护工程、智慧林业文化建设工程和中国林业网站群建设等工程建设。深化运用阶段，建设智慧林政管理平台、智慧林地信息服务平台、智慧林业决策平台、智慧林业产业建设工程、智慧生态旅游建设工程和智慧林业重点工程监管工程等。各个部分走向相互衔接、相互融合，实现质的飞跃。

第三章　互联网+农业监管：农产品质量更安全

第一节　农产品网络化监控与诊断

随着科学技术的日益创新，人们生活水平的不断提高，以及人们对网络的广泛应用，网络营销已经成为一种新型的销售方式。网络营销又称网络直复营销，是以计算机网络为媒介和手段而进行的市场推广活动，是21世纪最有代表性的低成本、高效率的全新商业模式之一。

农产品网络营销在瞬息万变的市场中是一项不可或缺的营销活动。通过网络，农产品销售者可以敏锐地捕捉到消费者的需求信息，以恰当的方式为消费者提供合适的农产品，在满足农产品消费者需求的同时，为农产品自身的提高和发展提供了依据。通过高速发展的科技网络，农产品可以在通过与其他地区或国家的农产品进行比较，找到自身的优势与劣势，在市场中长期处于有利的竞争地位。

一、产地环境监测

农产品产地环境是农业生产的基础条件，农产品产地安全是农产品质量安全的根本保证。农产品产地安全状况不仅直接影响到国民经济发展，而且直接关系到农产品安全和人体健康。一旦农产品产地被污染，由于具有隐蔽性、滞后性、累积性和难恢复等特征，所带来的危害将是灾难性的，主要表现在加剧土地资源短缺，导致农作物减产和农产品污染，威胁食品安全，直接或间接危害人体健康。近年来，由农药、肥料、激素、添加剂等农业投入品引起的农产品质量安全问题，已引起党和政府的高度重视和人们普遍关注。同样，由于农产品产地环境污染导致的农产品质量安全问题已日益凸显，这一问题如不得到妥善解决，将严重影响农产品质量安全、危害人民群众身体健康、诱发群体性事件、危及社会稳定。因此，突出抓好农产品产地环境的监管和保护已刻不容缓。

1. 农产品产地的合理开发利用

对于农产品产地是这样划分的，它分为：适宜生产区、警戒生产区以及禁止生产区。那对于这几个区怎么去合理利用呢？

适宜生产区即产地土壤中重金属均符合国家标准，适宜农作物生产区域，对于适宜生产区而言，一是建立基本农田保护区，切实加强农业产地环境的保护，防止点源、面源污染向适宜区的扩散和蔓延。二是加大农产品适宜生产区的无公害农产品产地认定，对认定的产地实行 GPS 卫星定位监控管理。三是推广节水节肥节药技术、生态栽培技术，防控农业面源污染的产生。四是推广绿肥，实行水旱轮作，修复产地环境，提高土地生产能力。而对于农产品警戒生产区即产地土壤重金属中轻度污染区域而言，一是对于重金属中轻度污染的耕地，推广重金属原地钝化技术，施用石灰、碱性磷酸盐、碳酸盐和硫化物等化学钝化剂或有机肥、腐殖质等有机钝化剂及化学有机钝化剂，络合、沉淀和固定土壤重金属，降低土壤重金属的生物有效性。二是推广重金属低吸收的蔬菜、水稻、水果和茶叶品种，降低农产品中重金属的含量。三是加强土壤的水肥耦合调控，改善耕地氧化还原电位，创造作物低吸收重金属的田间环境。四是加强生产区农产品重金属含量快速检测，实时监控农产品重金属的含量，并实行基地准出。

对于农产品禁止生产区即产地土壤重金属重度污染区域而言，一是在食用农产品禁止生产区域，设立禁止生产标识，禁止生产蔬菜、水果、茶叶、粮油等食用农产品，对区域内生产的食用农产品就地销毁，禁止高污染的食用农产品上市销售。二是切断食用农产品供应链，改种棉花、麻类非食用经济作物或观赏林木、花卉等，并切实加强非食用棉麻作物秸秆和观赏林木花卉修枝落叶的无害化处理，防止对周围环境的污染。三是对重金属污染十分严重的耕地切实加强区域综合治理和生态修复，防止污染向周围扩散和蔓延。

2. 适宜生产区的监控和保护

采取的主要监控手段是巡回检查。首先我们要建立乡村两级农业产地环境巡回检查制度，加强对工矿企业和城镇废水、废渣、废气集中排放点的在线实时监控。每月组织农产品质量安全监管员和监督员，以村为单位，重点对农产品生产基地、乡村交通要道、村组污水管网、农田沟渠、畜禽养殖场进行2~3次巡查，及时发现化肥农药、畜禽粪便、农作物秸秆、农村生活污水垃圾对农业产地环境污染问题，将巡查情况如实记录汇总、上报审核、及时公示。严肃查处工矿企业和城镇“三废”向农业生产基地排放行为，防控农业面源污染产生和蔓延。再者要强化产地环境保护措施。一是加大对污染企业的整治力度，严禁工矿企业和城镇向农产品产地排放或倾倒废气、废水、废渣和堆放、贮存、处理固体废弃物，对于污染严重的工矿企业，依法按照“关停一批、淘汰一批、治理一批”的原则进行整治，以杜绝或减轻工矿企业和城镇对农业产地环境的污染。二是提高工矿企业准入标准，停止污染企业特别是重金属污染企业的立项审批，防控新的工矿污染源产生。三是推广作物测土配方施肥和病虫害专业统防统治技术，加强畜禽粪便、作物秸秆的资源化利用和农村生活污水、垃圾的无害化处理，强化农业面源污染源头防控。

3. 农产品产地已污染区域的治理和修复

首先，加强农村生活污染治理。在加强工矿企业和城镇点源污染综合治理的基础上，大力推进农村清洁工程建设。一是以村为单位，加强户间路整修、组间路整修和生活污水管网连通，切实改善农村人居生活环境和防控农户污水随意排放。二是按照城市社区管理方式，加强村组生活污水净化池、废弃物发酵处理池、农业废弃物收集池和村级物业管理站建设，全面治理农村生活和农业生产污染。三是加强乡镇垃圾收集清运中转站、村级垃圾收集点、农户门前垃圾筒等环卫设施的建设、管理、运营与维护，共建乡村清洁美好家园。其次，加强农业废弃物污染治理利用。大力推行作物秸秆和畜禽粪便无害化处理与资源化利用，达到农业废弃物资源循环利用的目的。一是禁止焚烧作物秸秆，全面实行作物秸秆就地还田或青贮过腹还田，推广利用作物秸秆制作堆肥和秸秆制气、发电及资源化综合利用，重点治理作物秸秆滥烧乱弃所造成的农业产地环境污染。二是推行垫料发酵床养猪技术和畜禽粪便无害化处理，大力推广“猪—沼—菜”“猪—沼—鱼”“猪—沼—稻”“猪—沼—果”等生态农业模式，使畜禽粪便在农业生态系统中得到良性循环和高效利用，治理畜禽粪便对农业生态环境的污染。三是大力实行农业清洁生产，每个农产品生产基地根据规模大小兴建1~2个农业废弃物收集池，定期收集农业废弃物特别是农药的塑料包装袋和农药瓶，并定期分类和无害化处理，治理田间地头乱扔乱弃农业固体废弃物所造成的农业产地环境污染。最后，加强农业面源污染治理。大力加强对农业氮磷富营养化水体污染的阻控、拦截和净化，全面提高农业面源污染治理水平。一是大力推广和普及农业节肥、节药、节水生产技术，防止农药化肥等农业投入品的滥施乱用和农业用水的滥灌乱排。二是在农业生产基地的田块周围建立生态埂和农业生产污水拦截回流渠，在生态埂上和拦截回流渠中配置高富集氮磷的水生植物，第一次对农业生产污水实行阻控。三是在拦截回流渠与农业湿地之间兴建前置库塘，在库塘中配置高富集氮磷的水生植物群落，第二次对农业生产污水实行拦截。四是在前置库塘和流域水体之间，兴建规模适度的农业湿地，充分发挥水生植物和微生物的水体净化功能，第三次对农业生产污水实行净化。

4. 农产品产地环境监测质量管理工作的意义和影响因素

质量管理就是为确定质量方针、目标和职责，并在质量体系中通过质量策划、质量控制、质量保证和质量改进，使其实施全部的管理职能活动。环境监测工作质量是指与监测结果有关的各项工作对监测结果质量的保证程度。提高监测结果质量的前提是提高监测工作质量，衡量监测工作质量的指标包括质控数据的合格率、监测结果的产出率、仪器设备的利用率和完好率以及监测事故的出现率、应急监测能力等。同时，影响监测工作质量的还有一些隐性因素，如农产品产地环境监测人员的职业道德水平和爱岗敬业精神等。这就要求监测工作的领导者提高管理水平，不仅要搞好显性影响因素的管理工作，更要注重搞好隐性因素的管理工作，使所有参与农产品产地环境监测人员能共同努力，积极提高监测工作质量。

5. 农产品产地环境监测质量管理工作中存在的主要问题

（1）制度建设滞后。国家农业部门对环境监测质量保证工作的管理程序、职责和主要内容作了规定，将质量管理工作引向制度化的发展方向。各级监测机构还先后出台了持证上岗考核实施细则等规章制度和样品采集、样品保管交接、仪器设备管理和使用、数据审核等管理制度，极大地推动了质量管理工作的制度化建设。但是，与快速发展的监测技术和不断扩展的监测领域相比，质量管理制度的建设还不够完备和及时。

(2) 环境监测数据真实性不够。监测机构的职责就是对各类环境要素进行监测，并如实提供数据，至于监测数据的高低、环境质量的好坏对监测站来说并无利害关系，所以监测机构上报的数据绝对是真实、可靠的一手资料。但是由于监测站行政上隶属于各级环保局，所以在数据、质量报告的上报必须经由环保局甚至当地政府的审核，如此就可能出现有些领导为了政绩和考核名次篡改数据的情况。在当前环境保护实绩考核、创建模范城市考核、创建优美乡镇考核、小康指标考核、节能减排考核等形势的推动下，各地环保局、各级政府更加重视环保工作和环保政绩，常常出现为了个人政绩、地区名次而随意篡改环境监测数据的情况。

(3) 环境监测工作质量偏低。随着经济快速发展，新的污染源不断产生，环境污染问题日益突出，环境执法力度不断加大，临时性、突发性监测任务越来越繁重，监测人员、技术、设备跟不上，经常加班加点，疲于应付。在环境监测中，由于自然和人为因素的干扰限制，致使监测频率低、监测点位不全等现象时有发生，从而使获得的监测数据不具代表性，某些监测数据结果不能准确地反映环境的实际状况。监测工作处于闷头苦干，只求数量不求质量的局面，这就弱化了环境监测工作的“准”。大多数项目的生态环境影响评价只是走形式，弱化了环境监测在环境管理中的技术监督职能。这些问题的存在使得监测数据准确性不高，不能及时、准确地反映质量状况和变化趋势，从而影响环境影响评价报告的质量。

(4) 地方监测机构往往忽视室外的质量控制。一般环境监测机构实验室都采取人员考核，对分析仪器设备进行检定校准，实验室采用平行双样、加标回收试验、绘制质控图等办法来解决室内的质量控制，但却忽视了监测信息的代表性，监测目标的设计，技术路线制定、布点、采样，样品保存与运输，样品交接等各环节的室外质量保证。实际上如果是不具有代表性的监测，室内分析的数据再准确也没有价值。

二、产地安全保障

农产品安全是健康的需要。健康重于泰山，生命高于一切，农产品是否安全直接关系到人们的身体健康。农产品安全是现代农业发展的基本目标。我国农业发展目标是“高产、优质、高效、生态、安全”。增加产地，必须以质量为前提。农产品安全是提升农产品竞争力的首要任务。农产品安全是消费转型的必然要求，目前人们的基本生活消费正向保健、健康型消费转变。农产品安全是社会和谐稳定的需要。

我国农产品产地安全目前主要有4个方面的问题：资源缩减与衰退、生态破坏与生态平衡失调、环境污染和相关全球环境问题。关于产地安全研究的热点问题主要有：耕地缩减、退化与污染；水资源匮乏、污染及富营养化；水土流失与江河湖库淤积；森林面积减小与生态平衡失调；生物多样性缩减与遗传资源丧失；外来生物入侵；草地退化；工业“三废”污染；酸雨；电子垃圾；核污染；城市生活污水和垃圾污染；农药、化肥、兽药、抗生素、调节剂；农产品（食品）污染超标；转基因食物安全；环境污染与人体健康；塑料薄膜污染；秸秆焚烧；全球气候变化和大气臭氧层保护；海洋环境保护；自然灾害等，其中土壤污染是研究的重中之重。

农产品产地主要污染区域有工矿企业周边农区，此类区域污染物种类少，但超标高。大中城市郊区，此类区域污染物种类多，但超标低。污水灌区，此类区域污染物种类、超标程度因水污染程度和污灌时间而异。集约化农区，此类区域污染程度上升较快，应引起高度关注。产地环境污染特点主要包括一是来源不可（难）控制，农产品产地是一个开放的系统，污染来源不可

(难)控制。二是种类复杂性，污染物的种类比较多，具有复杂性。三是危害持久性，一些污染物很难自然降解，会造成长期危害。四是减消艰难性，重金属处理技术、经济成本较高，农业污染具有高度分散性、随机性，难以控制。五是伤害滞后性，有些污染所造成的危害在短时间内很难发现，因此不易引起人们的重视。六是识别隐蔽性，有些污染物没有相当的技术手段和检测手段是不容易辨别的。

三、风险预警

我国农产品生产已经基本结束了供给不足的短缺局面，农产品已经由卖方市场转向买方市场。供求态势的变化，导致市场竞争日益激烈，市场风险不断出现。加入世界贸易组织后，农产品生产者则面临更大的农产品市场风险。农产品市场风险既包括损失的不确定性，也包括获利的不确定性，这一风险类的管理主要靠提高管理水平来化解。为此，需要引入新的管理理念、管理手段和管理方法，以实现农产品市场风险管理的创新，研究农产品市场风险预警管理是搞好农产品市场风险管理、缩短农产品供求宏观调控时滞以及稳定和提高农民收入的需要。

尽管我国农产品质量安全的风险防控建设已经启动，然而农产品生产过程涉及的风险警源复杂，既受生态环境、生产资料的安全性影响，也与农户的自身禀赋相关，加之我国地域辽阔，不同地区、不同产品的风险差异明显，农产品质量安全的风险预警难度增加。在国家食品安全风险预警体系建设的同时，加大农产品质量安全的风险预警体系建设，不仅是农产品质量安全的保障需要，也是食品源头污染控制的需要。农产品质量安全的风险主要产生于生产（养殖、种植）环节，过程控制需要抓住关键控制点，采取危害分析和关键控点（HACCP）的管理理念，切实摸清农产品风险点，是预警防控的根本。狠抓源头治理和强化末端约束，能够为农产品质量安全风险管控实现“双保险”。源头治理主要是杜绝不合格农资和假冒伪劣农资进入生产环节。严厉打击销售假冒伪劣农药、兽药的行为，加大买卖双方的违法行为惩处力度，对高毒剧毒农药实行以乡镇为基础的定点销售制度，经营者必须具有相关销售许可证，并对购药者进行详细登记，建立销售档案，实现高毒剧毒农药的市场可追溯。末端约束主要是强化农产品的残留检测及市场准入关。在农产品主产区建立风险监测调查点，及时通报预警信息，实行农产品残留必检制度，对于质量不合格、农药残留超标的农产品，杜绝进入市场，开展“技术部门+农户（专业合作社）+超市”模式，与农产品生产者和城镇超市共同协作，实施“无污染农产品”产销一体化。

第二节　农资质量安全追溯系统

随着经济社会的快速发展，农资市场呈现供需两旺、品种丰富、地域广阔的特点，而农资进销渠道混乱、产品质量良莠不齐的问题仍不同程度地存在，对工商部门的监管工作提出了新的要求和挑战。

有统计数据显示，以种子、化肥、农药、农机具四大品类为代表的农资行业市场空间约为2万亿元。然而，如此庞大的农资市场却一直因为缺少市场准则以及行业标准而被诟病。在传统农资销售过程中，中间代理环节多、渠道利益链条长，一方面农民抱怨农资产品贵，一方面农资企业还认为，销售利润低，双方长期处于信息不对称的状态。

农资溯源管理系统是基于识别技术能够有针对性的开发的系统，以确保企业快速、准确、实时采集到质量信息，从而可以实现对食品的全生命周期的追踪管理。确保农药“身份证”每一瓶农药、每一包化肥、每一斤种子，都安全无害且“行迹”可查。比如说，农民买了一瓶农药，这瓶药的所有信息都会在系统中产生记录，包括生产厂家、经销商、零售商、购买者，如果出了问题，责任主体一目了然，谁都跑不了。

一、什么是农资溯源管理系统

农资是农业生产不可缺少的生产资料，直接关系着农产品的质量安全，直接影响农民的切身利益。因此，强化农资市场监管，保障农资商品质量安全，对实现粮食增产农民增收，维护农村和谐稳定，至关重要。

农资溯源管理系统将所有产品的小销售单元赋的监管码，以一二维条码和数码混合的方式体现，在生产过程进行赋码，农资溯源管理系统通过监管码记录每件产品的生产日期、批号及原料来源、质监报告等生产相关信息，使用数据库进行储存。产品在出入库时将监管码激活，并上传到监管平台，在流通过程中通过扫描、电话、录入监管码方式查询生产日期、保质期、商品真伪、销售去向等信息，当出现质量问题时，可以根据监管码带有的生产信息追查原因，还可以根据监管码对应的发货信息检查市场是否有串货现象等等功能。明确适当的质量控制点进行实时快速采集质量信息，并快速反馈，保证整个生产、流通过程符合产品质量标准。

二、农资溯源管理系统的优势

通过农资溯源管理系统，农资执法监管部门可对农资生产经营主体和产品进行网上适时审核和监管；农资生产经营公司可及时了解农资产品的合法性，并能迅速查询公司内部农资产品的进、销、存情况；普通用户可根据产品分类、关键词等搜索农资生产经营公司和农资产品的相关信息。该系统使农资产品真正实现可追溯、可召回，从源头保障了农产品质量安全，维护了消费者权益。

农资溯源管理系统的优势具体体现在：第一，农资溯源管理系统能保证农产品的可追溯性；第二，农资溯源管理系统能提高生产企业管理效率，减轻农产品管理工作强度；第三，农资溯源管理系统运用信息化技术实时监控农产品库存信息；第四，农资溯源管理系统进一步规范农产品防窜货管理流程；第五，农资溯源管理系统提升农产品市场销售，与消费者互动。

三、农资溯源管理系统的价值

农资产品监管的信息化程度与食品安全监管相比，有较大差距。如目前预包装食品大都有条形码，通过查询条形码，就可及时了解食品相关信息，但农资产品绝大多数没有条形码（或识别码），仍然需要监管人员通过查询进销货单据，以现场人工比对的方式，实现溯源监管，耗时费力。要实现农资商品“每一品种、每一批次、每一环节”精确追溯监管的目标，应把监管系统的建设重点，放在建立农资商品目录库和农资商品识别码这两个方面。第一，建立完备的农资商品目录库。为解决目前农资产品品种繁多、含量不一、规格不同的情况，需要建立一个至少覆盖全省的农资商品目录库，该数据库由两部分构成：一部分是农资商品基本信息。主要包含农资商品的名称、类别、规格、保质期、商标、生产企业和产品外包装图片等基本信息。另一部分是农资商品对应的票证信息。主要包括生产企业营业执照、生产许可证和相关批次农资商品的质量检验报告等图片文件。票证信息主要由一级批发商（指从厂家直接购买或者从外省经销商处购买农资的批发企业），对应农资商品目录库中的农资商品进行上传，并由工商所工作人员进行审核，审核通过的票证，系统会导入目录库中，并在全省范围内实现共享。下级经销商在购进相应批次农资商品前，可登录系统查询、下载上级供货商的经营资格证明

（从农资监管系统的农资经营主体数据库中查询）和农资商品的票证信息。如果系统无法查询到对应批次农资商品的票证信息，下级经销商应要求上级供货商及时上传相关票证，并在核实相关票证审核通过后，方能进货。工商执法人员在日常监管中，可将现场检查情况与经销商进出货单据以及系统信息进行比对，对未依法履行索证索票制度的经销商进行督促或查处，以此形成倒逼机制，促使各级经销商，特别是一级批发商及时上传票证，从而在全省范围内实现票证共享。第二，建立齐全的农资商品流通识别码。针对农资商品大都没有条形码或二维码等识别码（以下简称农资商品流通识别码）的现状，可根据“对应农资商品目录库，按照产品批次赋予农资商品流通识别码”的监管思路，对每一批次的农资商品形成可识别的特性，实现农资商品的精确追溯。农资商品流通识别码，由农资主体识别码、商品信息代码及商品批次信息三部分组成，初步设定17位（根据识别码的发展趋势，以后可以升级为存储信息更为丰富的二维码）。其中，农资主体识别码4位，由字母和数字组成，通过农资监管系统对应农资经营主体数据库自动生成，一户一码，具有唯一性；商品信息代码由7位数字组成，第一位数字代表农资监管分类，例如，1代表肥料、2代表农药、3代表种子、4代表农机具、5代表农膜，剩余6位为该类农资中具体产品的流水号，由农资监管系统对应农资商品目录库的商品品种自动生成，一品一号，确保在全省范围内的唯一性（依据目前农资市场规模，初步设定了6位农资产品流水号，可涵盖99万种不同品种、规格、含量的农资商品）；商品批次信息由6位数字组成，对应该批次商品的生产日期（年、月、日各占两位），由一级农资批发商根据产品批次信息录入。17位数据的生成，可有效实现对农资商品相关信息的精确锁定。在日常监管工作中，监管人员只需运用移动巡查终端设备（如POS机）对条形码（或识别码）进行现场读取，即可对相关品种及批次农资商品的监管信息一目了然，做到精确查询，对进一步提高监管效能大有裨益。

农资溯源管理系统的价值在于：第一，生产过程信息化管理，实现生产实时可视化；第二，农资溯源管理系统能提高物流作业效率，追踪每一件产品的流向；第三，农资溯源管理系统能透明化管理产品流通过程，遇到窜货及时报警，防止窜货事件的发生；第四，农资溯源管理系统通过物理防伪与信息防伪相结合，防伪与打假轻松实现；第五，仓库智能终端的应用，实现仓库精细化管理及全程追溯。

第三节　农产品质量安全追溯体系

随着农产品贸易全球化的迅速发展，农产品质量安全已不仅涉及人类健康、生命安全，也关系到国家经济发展、社会稳定。随着消费者风险意识和自我保护意识的提高，农产品质量安全问题对社会经济发展所产生的负面影响的扩大以及世界贸易组织协议的作用，使得各国政府对农产品质量安全管理体系的构建和完善空前重视。研究我国农产品质量安全管理体系的建设，对于保障消费者身体健康，促进我国现代农业的发展，增加农民收入，提高农产品在国内外市场的竞争力等方面均具有十分重要的意义。

农产品质量安全追溯体系是针对食品安全而来的，简单得说就是产品从原辅料采购环节、产品生产环节、仓储环节、销售环节和服务环节的周期管理，也就是说市民购买一个产品后，通过扫描产品上的追溯条码，就能查到农产品的产地、上级批发商和下端零售商，一旦出现食品安全问题就可以快速逐级排查，为消费者的菜篮子加上一道“安全锁”。

一、我国的农产品质量安全管理体系

质量安全管理体系（Quality Management System）是指在质量方面指挥和控制组织的管理体系，通常包括制定质量安全方针、目标以及质量安全策划、质量安全控制、质量安全保证和质量安全改进等活动。实现质量安全管理的方针目标，有效地开展各项质量安全管理活动，必须建立相应的管理体系，这个体系就叫质量安全管理体系。农产品质量安全管理体系是一个涉及多部门、诸多控制环节的综合管理体系。目前，随着新形势的发展，我国的农产品质量安全管理体系已初步形成，包括农产品质量安全监测体系、安全法律法规体系、安全标准体系、安全认证体系和保障体系等。

我国农产品质量安全管理体系的研究起步较晚，这是由我国农业生产所处的阶段性决定的。20世纪90年代前，我国农业生产的重点是提高农产品产量。进入20世纪90年代，我国农业生产进入新的发展阶段，实现了农产品供给由长期短缺到总量平衡、丰年有余的历史转变，农产品质量安全管理体系的研究才逐渐被重视。近年来农产品质量安全事故频发，使得对农产品质量安全管理体系的研究不断得到重视。

从发展脉络看，农产品质量安全管理体系的研究大致分为4个发展阶段，即农产品质量管理起步阶段（20世纪80年代后期到90年代初期）、农业标准化阶段（90年代中后期）、农产品质量安全管理阶段（“十五”时期）和农产品质量安全体系初步构建阶段（“十一五”时期）。在农产品质量管理起步阶段，主要研究提高农产品质量内涵和实质、提高农产品质量的意义、影响农产品质量的因素和提高农产品质量等，这一时期的研究更多地从生产和技术角度出发，探讨提高农产品质量的途径，没有涉及农产品质量安全问题。在农业标准化阶段，研究主要围绕农业标准化的意义和作用、农业标准化与农业现代化、农业标准化与农业产业化以及农业标准的制定进行，也很少涉及农产品质量安全问题。在农产品质量安全管理阶段，研究者开始从影响农产品质量安全的各个环节入手，从全面质量管理、信息不对称理论入手，研究了农产品市场上的质量信号的传导和提高农产品质量安全的基本原则和途径。

二、我国农产品质量管理体系的现状

1. 农业技术标准体系基本形成

质量技术标准体系是保障农业产业可持续发展的技术基础和行为规范。农业技术标准体系是农业行政执政的重要技术依据。没有完善的技术标准体系，检验检测体系建设和运行缺乏科学依据，认证认可工作也无从谈起。随着世界贸易组织（WTO）的加入，我国农业发展面临新的机遇与挑战。社会对农产品质量安全标准的需求日益迫切，农产品质量安全标准的作用日益凸显，农产品质量安全标准体系建设已引起全社会的高度关注。近年我国在农业标准制定上取得了长足发展，各行业不断制定行业标准，标准数量逐年增加。在国家标准化管理委员会统一管理和卫生、农业、质量监督检验检疫等相关部门的共同参与下，已经建立了包括国家标准、行业标准、地方标准和企业标准的标准框架体系。按照国家标准管理办法规定，国家标准、行业标准涉及农产品产地环境、主要农产品质量、安全卫生、检验检测、认证认可、高新技术及产品等方面，在全国范围内统一执行；地方标准包括区域性农产品的生产、加工技术规程和部分安全卫生标准，在本行政区域内有效；企业标准是指导企业生产的技术依据或操作指南在本企业有效。

近年来，农业部参与和组织制定农业国家标准、行业标准和地方标准，组织制定和发布了无公害和绿色食品行业标准。标准范围发展到了种植业、畜牧业、渔业、林业、饲料、农机、再生能源和生态环境等方面，基本涵盖了大农业的各个领域，贯穿了农业产前、产中、产后的全过程，已初步形成农业标准化体系但现行标准体系水平不高，部分标准缺失，国家标准、行业标准、地方标准之间相互交叉、矛盾或重复。因此，需要尽快开展标准的制定和修订工作，尽快将国内的农产品质量安全标准与国际标准相接轨。

2. 农产品质量监管体系初步建立

我国已经初步建立了农产品质量安全监管体系。国家一级政府农产品质量安全监管工作主要由食品与药品监督管理局、卫生部、农业部、国家质检总局和商务部共同负责，向国务院汇报工作，并且自成体系，在省、市、县一级都分别设有相应的延伸机构，每个机构都有自己具体机构和管理范围。食品药品监督管理局主要负责食品、保健品、化妆品安全管理和的综合监督、组织协调和依法组织开展对重大事故查处，负责保健品的审批。卫生部主要负责拟定食品卫生安全标准，牵头制定有关食品卫生安全监管的法律、法规、制度，并对各地方执法情况进行指导、检查、监督，负责对重大食品安全事故的查处、报告，研究建立食品卫生安全控制信息系统。农业部主管种植养殖过程的安全，负责农田和屠宰场的监控以及相关法规的起草和实施工作，负责使用动植物产品中使用的农业化学物质等农业投入品的审查、批准和控制工作，负责境内动植物及其产品的检验检疫工作。国家质检总局主要负责农产品生产加工和出口领域内的安全控制工作，负责农产品质量安全的抽查、监管，并从企业保证农产品安全的必备条件抓起，采取生产许可、出厂强制检验等监管措施对农产品加工业进行监管，建立相关的认证认可和产品标识制度。商务部负责整顿和规范农产品流通秩序，建立健全农产品质量安全监测体系，监管上市销售食品和出口农产品的卫生安全质量。体系内的各部门采用分段监管的模式，各自监管职责范围内的有关农产品质章安全的相关事宜。

3. 检测检验体系正在加强

农产品质量安全检测检验体系，是依照国家法律、法规和有关标准，对农产品（含农业生态环境和农业投入品）质量安全实施监测的重要技术执法体系，在农产品质量安全评价、农业依法行政、市场秩序监管和促进农产品贸易发展方面担负着重要职责，对农业产业结构调整、农产品质量升级、农产品消费安全和提高农产品市场竞争力等方面具有重要作用。各级政府和农业部门对农产品质量安全检验检测体系高度重视，经过多年努力，我国农产品质量安全检验检测体系建设框架已经基本建成，通过各级政府投资建设，检测机构的条件有了一定的改善，从业人员素质得到了显著提高，检测能力基本能满足我国农业重点产业和产品的国家标准、行业标准和地方标准的规定，并初步形成了集质量评价、市场信息、技术服务和人才培训为一体，部、省、县级相互配套、互为补充的农产品质量安全检验检测体系，为加强农产品质量安全监管提供了技术支撑。农产品质量检验检测机构主要是以农业部门的质检机构为主，上至农业部、中国农业科学院等所属专业性质检中心为基础，下至地方省市级农科院的综合性质检机构，以及专业的检测和管理机构，开展对种子、农药、农机、畜牧、土肥、环境等检验检测。今后一段时间需要解决的问题就是进一步健全机构，建立相关的食品安全毒理学评价中心或者基层的检验室，提高检测技术手段。

4. 质量认证工作取得一定进展

认证是保证产品、服务和管理体系符合技术法规和标准要求的合格评定活动，是国际同行的对产品、服务和管理体系进行评价的有效方法。我国农产品质量认证工作可以追溯到改革开放初期，是在计划经济体制下各部门根据各自的职责建立起来，对各部门履行行政职能和行业管理起到过积极作用。但随着市场的逐渐开放，计划经济体制下制定的不同认证，在各部门各自为政的情况下，多头管理、多重标准、重复认证、重复收费的现象越来越明显。为提升我国农产品质量安全水平，尤其是加入世界贸易组织后，对农产品质量安全工作提出了更高的要求。我国于2002年出台《关于加强认证认可工作的通知》，建立全国统一的国家认可制度和强制性认证与自愿认证相结合的认证制度。

目前我国现有的农产品认证种类较多，按认证方式分主要有强制性认证和自愿性认证；按认证对象分主要有全国性认证、行业认证和地方认证；在产品认证方面，主要开展无公害农产品认证、无公害农产地认证、绿色食品认证、有机食品认证和QS质量安全认证等；在体系认证方面，主要有危害分析与关键点（HACCP）认证、投入品良好生产规范（GMP）认证和中国良好农业规范（ChinaGAP）认证、卫生标准操作规范认证（SSOP）、ISO 9000体系认证和ISOMOOO体系认证等。此外，农业部还开展了农机产品质量认证以及种子认证试点为主的投入品认证工作。农产品认证除具有一般产品认证的基本特征外，还具有认证周期长、环节多、过程繁琐、地域差异大、风险评估因素复杂等特点。因此，下一步我国应逐步大规模推广各种体系与产品认证，规范生产者的行为，提高农产品质量安全水平，保障消费者权益。

5. 法律法规不断完善

严格、完善的法律法规体系是保证农产品质量安全管理顺利开展的重要保障。针对农产品质量安全标准、产地环境管理、生产管理、销售管理、质量安全监督管理等方面，我国农产品安全立法经历了从无到有，从综合立法到专门立法的过程。目前，农产品质量安全管理方面的法律法规体系主要包括四个方面：一是产地环境方面的法律法规，如《中华人民共和国农业法》《中华人民共和国环境保护法》《基本农田保护条例》《中华人民共和国清洁生产促进法》《中华人民共和国大气污染防治法》《中华人民共和国海洋环境保护法》《固体废物污染环境防治法》等；二是生产过程控制方面的法律法规，如《中华人民共和国动物防疫法》《中华人民共和国渔业法》《中华人民共和国农业技术推广法》《农业转基因生物安全管理条例》等；三是农业投入品方面的法律法规，如《中华人民共和国农药管理条例》《中华人民共和国兽药管理条例》《饲料和饲料添加剂管理条例》等；四是终端产品管理方面的法律法规，如《中华人民共和国农产品质量安全法》《中华人民共和国食品安全法》《中华人民共和国标准化法》《中华人民共和国产品质量法》《无公害农产品管理方法》《绿色食品标志管理方法》等。

6. 农产品质量安全追溯制度

俗语云，无规矩不成方圆。追溯制度是农产品质量安全追溯信息化平台应用的一种保障，农户和农企们通过建立农产品质量可追溯体系保障农产品的安全、健康，消费者们也能通过这个体系追根溯源，以便买到放心、安全的农产品和寻找到可信赖的农产品品牌。那么，农产品质量安全追溯制度有哪些呢？一是实施投入品备案许可制度。对种子、农药、肥料等投入品实施赋码等严格的准入备案许可制度，根据实际情况对五常经营农资批发业务的批发商或者配送中心实行数量控制，确保源头可控，以保证农产品的质量安全。二是实行严格的种植记录管理制度。想要实现农产品可追溯，必须实行严格的种植记录管理制度，在源头为消费者获得真实可靠的信息创造条件，每一劳作过程都需详细记录。三是实行稻米企业+基地的生产模式。稻米企业与生产基地直接挂钩，便于管理，质量更有保障，更容易实现农产品可追溯。四是实行严格的加工管理制度。加工环节是保障农产品质量安全的重要节点之一，农产品加工环节与其质量安全息息相关，因此，对加工环节必须严格管理。五是实施严格的流通管理制度。流通环节是农产品可追溯信息化平台的一个重要监管环节，实施严格的流通管理制度，保证农产品在流通环节可追溯的实现，可以有效地杜绝假冒伪劣产品以次充好，更好地保护品牌。六是加大执行力度。一方面，相关部门应更关注农产品质量安全，为农产品可追溯信息化平台的顺利实施提供便利；另一方面，加大对市场流通中伪劣产品的惩处力度，为农产品质量安全创造良好环境。七是加强宣传引导。加强对农产品可追溯信息化平台的宣传，使消费者对此更了解，并且发动公众参与到农产品质量安全监督中来，形成食品安全，人人参与的良好社会氛围。

三、完善农产品质量体系的对策建议

1. 健全国家的监管组织体系

无论是相对分散管理还是相对统一管理模式，都非常注重多部门之间在监管领域以及环节上的分工明确和协调一致。在我国，涉及农产品安全监管的机构也很多，目前对农产品安全的监督管理职责主要是按照监管环节划分，即一个监管环节由一个部门监管，以分段监管为主，品种监管为辅这种由处于同一权力水平的不同部门分段管理的管理模式，由于缺乏相互沟通与衔接，加之各部门执行各自的部门法规，难以满足人们对农产品质量监管的要求。尤其食品药品部门的监管权威性不够，其他部门的管理职能交叉、管理缺位、职责不清和政出多门的问题长期没有得到有效解决。因此，必须进一步理顺农产品安全监管职能，明确责任，将现行的“分段监管为主、品种监管为辅”的模式逐渐向“品种监管为主、分段监管为辅”的模式转变，形成以农业部门和食品药品监管部门为主，其他部门履行相关职责并加强相互配合的“分工明确、协调一致”监管组织体系。

2. 完善质量标准体系

完善的农产品安全质量标准体系，是保证农产品质量，提高农产品安全，参与国际竞争的基础性条件。目前，我国农产品安全质量的相关标准由国家、行业、地方和企业等四个等级的标准构成，而且都为强制性标准。在标准化监管方面，这些年有较大的改进，企业农产品安全水平明显提高。政府有关部门应借鉴国外发达国家在这方面的经验，分析国际农产品安全质量标准体系，加紧研究和制定适合我国的农产品安全质量标准体系，包括农产品本身的标准，加工操作规程等各项标准，以及标准体系的协调和统一。建立科学、统一、易于实际操作的农产品安全质量标准体系是解决当前农产品市场秩序、改善本产品安全质量的前提。同时，也便于与世界接轨。

3. 规范检测检验体系

建立合理的农产品检测体系是有效控制农产品质量安全的关键。规范合理的检测体系需要制定农业加工业检测标准，完善农产品供应链各环节的检测，建立并且完善农产品各级检测体系的管理，开展检验检测技术科学研究。此外要提高认识，科学定位监测体系，合理规划，发挥监测体系作用，创新机制，拓展监测服务领域，增加投入，提高监测能力水平以及加强培训，提高监测队伍素质。

4. 严格质量认证体系

遵守国际通用规则，因地制宜地制定适合本国的农产品质量安全管理与技术政策；严格源头治理、过程控制、全程服务农产品生产者是农产品质量安全管理的重点；满足消费需求，降低生产成本，提高生产效益是农产品质量安全管理的目的。在认证制度上，要不断完善农产品认证法律法规建设，强化制度保障；借鉴美国多元化农产品认证制度，实施强制性农产品认证；坚持政府推动为主，加大财政投入力度；积极签订多边互认协议。

5. 完善法律法规体系

我国虽然制定了一系列有关农产品安全的法律，如《中华人民共和国食品卫生法》《中华人民共和国产品质量法》《中华人民共和国消费者权益保护法》《中华人民共和国农产品质量安全法》等，但缺乏一个统一、完整的法律体系，已不能适应当前农产品安全形势的要求，这直接影响到监管措施的实施，也和国际农产品质量安全方面的法律法规体系差距甚远。因此要加强与国际农产品法典委员会（CAC）的合作与交流，明确各政府部门、农产品生产企业在农产品安全方面承担的义务和责任，明确农产品生产者、加工者是农产品安全的第一责任人，政府各部门通过对农产品生产者、加工者的监管，监督企业按照农产品安全法规进行农产品生产，并在必要时采取制裁措施，最大限度地减少农产品安全风险，把农产品卫生提升到农产品安全的高度。

第四章　互联网+农业管理：农业管理网络化

当前，我国农业已进入了新的发展阶段，如何实现由传统农业向现代农业转变已经成为我国农业发展的重大课题，在这种形势下，对传统农业进行有计划的有针对性的开发利用，可以稳步推进现代农业的良好发展。互联网技术在农业生产、经营、管理和服务中的应用越来越广泛，首先运用各类传感器，广泛采集农业的相关信息，然后利用信息传输通道将信息传输到控制设备，通过获取的海量信息，再利用智能操作终端进行处理。可见、可控、可交互的生产智能平台是现代农业智能管理系统实现的最终目的，能够准确实时地获取农作物生长的环境信息，通过比对相关参数实现农业的精准操作，提高现代农业的收益率。

第一节　农村土地流转公共服务平台

一、农村土地流转的概述

农村土地流转是指农村家庭承包的土地通过合法的形式，保留承包权，将经营权转让给其他农户或其他经济组织的行为。农村土地流转是农村经济发展到一定阶段的产物，通过土地流转，可以开展规模化、集约化、现代化的农业经营模式。农村土地流转其实指的是土地使用权流转，土地使用权流转的含义，是指拥有土地承包经营权的农户将土地经营权（使用权）转让给其他农户或经济组织，即保留承包权，转让使用权。我国现实的农地制度是农地所有权归村集体所有，经营权与承包权归农户。基本公共服务是指建立在一定社会共识基础上，由政府根据经济社会发展阶段和总体水平来提供，旨在保障个人生存权和发展权所需要的最基本社会条件的公共服务。主要包括四大部分：底线生存服务，如就业、社会保障等；基本发展服务，如教育、医疗等；基本环境服务，如交通、通信等；基本安全服务，如国防安全、消费安全等。农民工基本公共服务均等化就是维护农民工的基本权益，这包括平等的政治权利、平等的参与经济与发展成果分享权。

二、农村土地流转存在的问题

目前，我国农村土地流转总体是平稳健康的。但必须看到，随着土地承包经营权流转规模扩大、速度加快、流转对象和利益关系日趋多元，也出现了违背农民意愿强行流转、侵害农民土地承包权益、改变土地用途出现“非农化”与“非粮化”以及流转不规范引发纠纷等问题。

1. 土地流转不规范，普遍存在民间化、口头化、短期化、随意化问题

目前农村土地流转普遍存在“三多三少”现象，即亲戚朋友流转的多，专业大户流转的少；转包、出租或代耕的多，转让的少；口头协商多，文字协议少。农地流转的民间化体现在，农地流转往往是在熟人、亲戚、朋友之间进行，而不是通过市场进行交易。

土地流转口头化：农地流转没有签署任何协议或合同，而往往是流转双方的一种口头约定。即使约定期限的农户中也存在部分“口头式”约定，签订合同的也不完整、不规范。很大一部分流转是在口头约定的情况下进行的，这导致流转的期限不明

确，交易双方权利义务不清晰。

土地流转短期化：农地流转往往都在1年之内进行流转，超过1年的很少。据抽样调查表明，44.1%的农户流转期限在1年之内，流转期限不超过5年的有57.5%，而长期流转的仅有1.4%。

土地流转随意化：农地流转不确定性强，不受约束，容易引发矛盾。有的即便签订合同也不遵循一定的程序以及履行必要的手续，存在着手续不规范、条款不完备等问题，缺乏法律保障，造成土地流转关系的混乱，对耕地的保护和管理带来了很大的困难。

2. 土地流转规模比较小，流转效益不高

（1）影响土地流转的规模与效益主要问题在于需求的规模化与交易的零散性之间的矛盾。一些农业龙头加工企业和种植大户需要大块土地搞规模经营，而挂牌交易的基本上是零散土地，大块土地少之又少。土地在小户之间流动的多，向大户流动形成规模经营的少。由于土地流转规模较小，流转期较短，集中程度不高，耕地进行规模经营、实施机械化作业的效果难以凸显。流转期短也会助长租种农户的掠夺性生产经营，造成土地肥力难以为继。

（2）农地市场价值并未体现，流转收益偏低。农村土地流转中，流转租金的定价，地区差异性很大，取决于双方协商。短期流转的土地主要以实物支付为主，长期流转以现金支付为主。

（3）土地租金不断攀升。在农村税费改革前农民负担较重，粮价偏低，农户之间的土地流转往往是土地免费送给对方耕种，对方代交各种税费；随着农村改革的不断深入和中央支农政策力度的加大，土地收益也呈明显上升趋势。受市场价格影响，为租金或转包费发生争议时有发生。

3. 农民对土地承包经营权流转认识模糊，积极性不够高

土地是农民最基本的生产资料，也是农民最基本的生活保障，尤其是在经济落后地区，农民对土地具有根深蒂固的依赖情结。有些农民担心土地流转对自身利益不利，担心土地流转后会丧失土地的承包权，失去生活的基本依靠，因而不敢大胆参与流转，宁肯免费将土地转给别人种，甚至抛荒也不愿流转给别人耕种，导致撂荒、遗弃土地的现象不断增加。由于农村社会保障制度还没有完全建立起来，不能解决农民的后顾之忧，农民长期以来形成的对土地的依附性仍将长期存在，成为土地流转中流转不出去的一大现实问题。

4. 土地流转服务不够到位，流转信息渠道不畅

目前，大部分地区尚未形成统一规范的土地承包经营权流转市场，流转中介组织较少，缺乏土地承包经营权流转价格评估机构。一些地方尽管建立了流转中介组织，但服务滞后，市场运作机制尚未形成，限制着土地承包经营权流转。近年来，许多乡镇建立了土地流转服务中心，但大都有名无实，只在农经部门挂挂牌子，作数字统计，真正充当流转服务媒介、履行服务职能，发挥中介效能的还不多。

5. 农村土地流转管现缺乏规范管理

(1) 农村土地流转管理缺乏具体实施细则，在流转程序、流转手段、流转档案管理等方面缺乏统一规定。基层政府和村级组织能够有效提供流转服务的还不够多，土地承包管理部门对土地承包经营权流转的管理和监督职能也没有完全发挥出来。

(2) 对基层行政干预缺乏约束。很多农地流转不是农民自愿和通过市场运行的，而是社区、村委会通过行政命令的单方面推行。在土地流转过程中，一些地方是由村干部做主，代替农民决策流转土地。由于土地承包期限短，农民的土地财产权利意识不强，很多农民对村干部做主流转自己的承包地漠不关心，以至

于在流转土地的过程中不知不觉失去了土地。

（3）目前，仍有少数地方还没有全面落实土地延包30年的规定，个别地方承包合同签订不规范，经营权证发放不到户，农民缺乏对承包土地的安全感。流转合同没有考虑土地升值和物价上涨因素，容易产生纠纷。同时，缺乏对农村土地承包经营权流转的扶持政策，种养殖大户贷款困难，也制约着农村土地承包经营权流转和规模经营。

6. 土地流转利益纠纷在各地仍不同程度存在

土地流转纠纷主要表现为：农户间流转以及短期流转中合同签订率不高，土地流转双方形成的利益关系和权利义务约定不明确、不规范，容易引发纠纷；由于在长期流转中流转双方利益协调机制不健全，因经营风险和市场变化等原因也容易引发利益矛盾。此外，在一些地区，基层干部对维护农民的土地权益和坚持农村基本经营制度的重要性认识不足，片面强调和追求农业规模经营而忽视甚至侵害农民土地合法权益；有的地方不顾条件盲目对流转下指标定任务，违背农民意愿强行流转，也导致土地流转纠纷问题。

7. 土地流转过程中承包人改变土地用途的问题突出

有的地方在流转中改变土地农业用途。如将流转的耕地用于种树或挖鱼塘，有的甚至搞非农建设。有关耕地的改变土地农业用途的问题最为突出。由于种粮效益低，在规模流转的耕地中，很少用于种粮。在流转的土地中，种粮的面积和比重有进一步缩减的趋势。据农业部调查统计，目前农户之间流转土地中用于种粮比重占71.9%，而规模流转入企业、业主的土地中用于种粮比重仅为6.4%。今后不少地方将可能出现流转面积递增、种粮面积递减的情况。在南方部分丘陵山区，有的外出务工农民无偿转出的生产条件较差土地无人耕种，有的出现抛荒。调查中发现流转的土地，除大部分用于种植业用地外，还有部分用在牧业、渔业和第二、第三产业中，特别是还出现了破坏性比较严重的非农土地流转。个别地区出现了把规模流转的农用土地用于进行土地掠夺式经营，有的甚至取土挖沙、建砖厂、修建永久性固定设施，违背国家关于土地流转的相关政策。

【案例】

全国农村土地流转平台——土地网

土地网作为全国土地流转最大最全的网络平台，是我们了解土地流转资讯的一个土地门户网站。

据四川成都总部的土地网负责人介绍土地网汇集了全国346个城市的土地流转需求，土地网作为全国性的土地流转平台，拥有巨量的土地流转信息量，平台覆盖商业用地、住宅用地、工业用地、集体土地、农业用地、宅基地等土地供求信息；土地网还针对个人、企业、土地经纪人、土地投资者、农户、农场主等免费开放土地信息发布权限，用户可以将自己想要流转的土地的面积、价格等详情土地信息免费发布在网站上面，也可以将自己想要购买投资的需求发布在网站上面，大家都在这样的一个平台上进行发布与浏览，就可以快速实现土地供需对接，迅速地将土地进行流转，记者就亲身体验了一番，确实非常方便，大大节约了土地投资者找地花费的时间。

土地网有着简单、方便、快捷的优点，只要打开土地网网站就可以找到同城的土地流转讯息，如果想要查看其他城市的土地流转讯息，只需要切换一下所在城市就可以了。土地网网站界面简单，让每一人一看就懂，更是为大家节省了浏览的时间与精力。

土地网汇聚全国最新的土地流转信息和资讯，不管是农业用地还是集体土地的流转，你都可以在土地网上面清晰地看到，土地网专业地为土地流转分类，从线上找地，线上视频看地，到线下双方洽谈，签订合同是非常高效的。

土地网一直致力于土地流转方面的工作，为了让更多的人了解土地流转，参与土地流转，让更多的人可以更加方便快速地找到自己想要的土地，土地网在一直的宣传与建设，让大家都汇聚在这样一个全国性的土地网络平台上，让全国人民在这样一个网站上共同关注土地流转，找到属于自己的合作方，同时土地网将启动农村土地经纪人千人创业零成本计划，为广大农村土地经纪人提供一个零成本创业平台，对想创业的农村土地经纪人提供创业指南和帮扶计划。

土地网为大家带来的最大方便，也是大家给予土地网的最大回报。土地网平台的建立以及发展，对我国农村农业实现土地规模化、集约化、科技化、现代化起着重要的作用。

第二节　农业电子政务平台

目前，农业和农村信息化建设是我国发展现代农业、建设新农村工作中的一个热点，我国农业和农村信息化网络服务平台建设更是一个方兴未艾的新兴领域。虽然全国农业和农村信息化已走过十几年的路程、并取得了一些可喜的成绩，但仍然处于初级阶段，离我国经济快速发展的要求和广大农民的需要还相差很大的距离。尤其是涉农信息资源开发利用，一直是我国农业和农村信息化的薄弱环节，区域涉农信息资源不能共享、信息资源配置不合理的问题十分突出。

在发展现代农业、建设社会主义新农村的历史进程中，针对我国农业和农村信息化网络信息服务的现实需求，采用何种农村信息网络服务平台建设方案来整合和共享涉农信息资源，为涉农政府部门提供共享的电子政务平台、为涉农经济组织搭建安全可靠的电子商务平台和为农民群众创建综合信息共享服务平台，是当前农村信息化理论研究和实践的重点。

一、农村电子政务的概述

电子政务是政府机构为了适应经济全球化和信息网络化的要求，自觉应用现代信息技术，将政务处理与政府服务的各项职能通过网络实现有机集成，并通过政府组织结构和工作流程的不断优化和创新，实现提高政府管理效率、精简政府管理机构、降低政府管理成本、改进政府服务水平等目标。我国是一个农业大国，农业是国民经济的基础，通过电子政务建设不仅可以促进农业经济的发展，还可为农业经济构建良好的发展平台。电子政务运用现代信息技术，将管理与服务通过信息化集成，在网络上实现政府组织结构和工作流程的优化重组，超越时间、空间与部门分割的限制，可以全方位地向社会提供优质、高效、规范、透明的服务，为行政决策提供充分的信息和数据支持。

在围绕服务三农，构建电子政务平台工作中做了一系列的探索和尝试。

首先，借助数字农业网络，建设政务公开平台。随着改革开放的深入，政府的职能也在改变，由过去的“管制型政府”向“服务型政府”转变。政府的职能主要是服务、管理和保障。近年来，政府围绕透明型机关建设，着手建设电子政务平台，力求把政府工作运作过程公布于众，可随时接受群众的监督。

其次，要加强廉政建设，构筑监督平台。网络能够使信息传递不受时空阻碍，因此政府门户网站正在成为公众参政议政、参与监督的主要窗口。在当前社会，加强政府部门的廉政建设，积极借助政府门户网站的作用，进行民主监督，是扩大公众民主参与的一种有效方式。近年来，我们结合农业工作实际，利用政府门户网站构筑监督平台，探索在新形势下公众监督的新途径。将农资信用、农经管理、农村财务、农村土地管理档案搬上农业网，建立透明、公正、查询快捷的监督平台，使政府机关和农村基层组织的各项工作置于群众严格的监督之中，有效地提高工作的透明度和工作效率，充分发挥网络在推行和实施公平、公正、廉洁政府中应有且不可替代的作用。

第三，提高机关效能，推行办公自动化。政府部门办公自动化系统应以公文处理和机关事务管理（尤其以领导办公）为核心，同时提供信息通讯与服务等重要功能。

第四，确保网络安全，强化内部管理。网络安全可靠是电子政务工程正常运转的关键。要认真贯彻落实国家、省、市关于电子政务网络安全的要求，按照积极防御、综合防范的方针，制定网络安全管理办法，建立电子政务网络与信息安全保障及数据灾难备份体系。从硬件、软件两方面保证电子政务网络安全，管理上明确权限划分，重要内容和资料非管理员不能访问，保证网络安全运行。

二、农业电子政务的特点

与传统政府的公共服务相比，电子政务除了具有广泛性、公开性、非排他性等公共物品属性外，还具有直接性、便捷性、低成本性以及平等性等特征。

我国农业生产和农业管理的特点决定了我国非常有必要大力推进农业电子政务建设。我国与发达国家相比，在以市场为导向进行农业生产、农产品的竞争地位等方面还有相当大的差距。通过大力发展农业电子政务，农业生产经营者可以从农业信息网及时获得生产预测和农产品市场行情信息，从而可实现以市场需求为导向进行生产，增强了生产的目的性和提高了农产品的竞争地位。大力发展农业电子政务还可以从根本上弥补当前我国农业管理体制的不足，实现各涉农部门信息资源高度共享，共同为农业生产和农村经济发展服务。

三、农业电子政务的应用

我国是农业大国，农村人口多，在地理分布上十分分散，人均耕地少，生产效率低，抗风险能力差，农产品在国际竞争中处于劣势地位。目前，我国农业正处于由传统农业向现代农业转变的时期，对信息的要求高，迫切要求农业生产服务部门能提供及时的指导信息和高效的服务。与传统农业相比，现代农业必须要立足于国情，以产业理论为指导，以持续发展为目标，以市场为导向，依靠信息体系的支撑，广泛应用计算机、网络技术，推动农业科学研究和技术创新，在大力发展农业电子商务的同时，还应发展农业电子政务，以推动农产品营销方式的变革。

【案例】

准格尔旗“农事通”惠农电子政务平台实施与培训

2012年6月25日，“农事通”惠农电子政务平台——“农民办事不出村”信息化应用实施与培训工作在准格尔旗展开。培训对象包括准格尔全旗地区159个自然村、20个社区、9个乡镇、4个街道办事处以及相关职能部门，共计260余人。前期的实施与培训工作历时一周圆满完成。

信息化应用与培训工作是准格尔旗这一社会扶贫试点县市，在信息化扶贫试点工作方面的深入展开。在前期进行信息化软件、硬件物资捐助后，这次实施与培训将进一步促进准格尔旗实现信息化、正版化，搭建硬件、软件信息平台，推动农村信息化工作进一步深化和做扎实。本次培训通过对业务人员进行培训，将使不同岗位的工作人员都可以熟练掌握系统的业务规划和操作流程，从而使县、乡、村三级使用对象真正互动起来。

“农事通”惠农电子政务平台，对业务流程和覆盖范围进行了细致科学地分析，经过精心打造，将涉农部门绝大部分审批办理事项纳入网络办理，将服务扩大到农业、林业、国土、建设、劳保、教育、计划生育、民政、卫生、红十字、党员服务、信访等近百项业务。平台借助现代信息技术手段，辐射县、乡(镇)、村三级，支持农事业务申请、受理、审批、签章等全生命周期的数字化管理；一站式办结、承诺服务，改变了政府审批服务方式，拉近了政府与农民之间的距离，提高了为民办事效率；促进农业信息知识库共建共享，为农民提供及时、准确的信息资料。实现政府组织结构和工作流程的优化重组，建立高效、廉洁、公平的运作服务模式，促进面向民众服务的政府职能转变。

该平台的应用和普及，将不断提高为民办事的效率和质量，努力实现群众“事在村办、证在村发、书在村看、困难在村反映、问题在村解决”的目标，杜绝“事难办”现象的发生，密切了党群、干群关系，实现了经济效益和社会效益的最大化。群众办事只需到村级服务站提交资料，上传到网络办公系统，由网络实施村、乡、县逐级流转审批，办理结果通过快捷方式送达到群众手中，为农民朋友节约办事成本费用。让农民群众在家门口便可办理事务、反映情况、了解信息、解决困难。

该平台的应用与推广实施，将会强化工作责任，规范办事程序，从而极大提高政府部门和人员办事效率，切实改进机关干部的工作作风和工作态度，增强干部服务意识，方便群众办事。这一项目的实施，必将推进当地廉政建设，提高政府管理水平，帮助基层政府和各涉农部门树立良好形象。进一步优化社会发展环境，创建和谐社会，促进各项经济和社会事业的发展。

第五章 互联网+农业服务：农业服务信息化

农业服务信息化是农业社会化服务体系所从事活动的信息化，是对农业产前、产中、产后各环节服务信息化支持的过程，是利用现代信息技术及其网络为农业产、供、销等环节提供信息化支持的过程，其主要特征是信息服务。

第一节 农业标准化体系

建立健全中国农业标准化体系是中国农业“升华”的阶梯，尽快实现农业标准化经营是中国农业发展新阶段的战略选择。目前，中国农业标准化体系建设虽然已经有所起色，但还很不完善。加快中国农业标准化体系建设，不仅要实现产品标准、操作标准、质量标准、实施标准和加工与包装标准等五个方面的创新，建成标准、实施、服务、监测和评价等五大体系，而且要提高生产经营者的农业标准化意识、制定农业标准化发展规划、完善农业标准化机构等。

农业标准化需要信息手段来规范，针对当前农业标准在管理、查阅、推广工作上存在的问题，结合农业标准信息化的发展趋势，构建网络化的农业标准服务平台，将农业标准集成到网络环境中，制定适用于网络的农业标准体系。研发农业质量标准信息化系统，首先调查研究各标准使用主体的需求，设计相应的数据库规范字段；然后通过标准间的引用与被引用关系，关联全库标准、项目指标、检测方法，同时对每项标准进行了多级分类，建立标准数据库原型。按照“整合资源、避免重复、共建公用、利益共享”的原则，收集、追踪农产品质量安全标准、农业行业标准、农药残留和兽药残留限量标准等，整合标准信息资源，确认数据有效性并加工整理成规范的文本信息，包括标准档案加工处理、标准信息的分类加工、标准计划与已发布标准的关联对应；最后上传全部数据构建农业标准数据库。采取“用户端+服务器端”（C/S）结构设计，对针对不同标准应用主体开发不同的功能模块，集成包括查询系统、推送系统、有效确认系统、统计与反馈系统的农业质量标准信息化系统。结合网络技术、多媒体技术和计算机技术建立高效的农业标准信息化体系，建立既涵盖标准全文、项目指标和检测方法，并且数据准确有效、更新实时全面、查询便利精准、推送快捷多样的标准信息系统，为农业标准的深入实施应用提供技术平台，为农产品生产、检测、科研、监管部门标准化工作提供技术支撑；同时及时整理更新农业生产所涉及的标准（规范）及相关信息，并通过共享的信息平台进行发布，为农业标准的有效性、及时性、科学性提供保障。

一、农业标准信息库

现阶段，我国正处在由传统农业向现代农业的过渡期，农业质量的标准化、标准信息化已经成为健全农产品质量安全监管体系、提高农业和农村经济发展质量和效益、增加我国农业国际竞争力的迫切需要。农业标准化直接关系到我国农业产业化、市场化、现代化的发展进程，是衡量传统农业向现代农业转变的显著标志；农业标准信息化可推动我国各类农业标准的执行与监督，促进农业标准化的实施进程，是政府在制定有关方针政策时的重要依据。

农业标准化是指以农业为对象的标准化活动。具体来说，是指为了有关各方面的利益，对农业经济、技术、科学、管理活动需要统一、协调的各类对象，制定并实施标准，使之实现必要而合理的统一的活动。其内涵就是指农业生产经营活动要以市场为导向，建立健全规范化的工艺流程和衡量标准。农业标准化通过最小的投入实现最大的产出、实现效益最大化，是实现农民增收的有效途径，同时也是督促农民生产符合标准的优质安全农产品的过程。如何通过标准化手段把实施标准化生产转化为经济优势，进一步提高农产品质量，有力促进农业增效，农民增收，是农业标准化建设面临的重要问题。

1. 农业标准实施应用的重要性

标准的贯彻和实施是整个农业标准化活动中一个关键环节，其重要性主要表现在以下几个方面。

(1) 实施标准有助于提升产业经济，尤其是从小农经济走向规模经营。农业标准化包含两个方面的内容，一是农业标准制修订，二是标准的组织实施及监督。目前我国已基本建立了一套与国际接轨的农产品质量安全技术标准体系，农产品质量安全监管、农业生产指导基本实现了有标可依。将标准应用于农业生产实际中，提高农业专业化、规模化、产业化水平，是推动农产品生产方式转变，提升农产品市场竞争力的重要途径。我国政府主导的安全优质农产品公共品牌——“三品一标”（无公害农产品、绿色食品、有机农产品和农产品地理标志），通过实施认证标准，如相关产地环境、生产技术规程和产品标准等，灌输标准化生产理念，通过引导生产主体实施标准，强化质量安全控制，树立和维护品牌形象，取得了显著成效。在近几年的质量抽检中，“三品一标”产品抽检合格率均稳定在98%以上，普遍高于普通农产品。据调查，超过70%的消费者会优先选择经过“三品一标”认证登记的产品。

(2) 实施标准有助于推广先进技术经验。标准是对重复性事物和概念所做的统一规定，它是科学、技术和实践经验的总结。实施标准是科研、生产、使用三者之间的桥梁。一项科研成果或者先进技术，一旦纳入相应标准就得到了推广和应用的良好载体。因此，实施标准也就是标准化可使新技术和新科研成果得到迅速推广应用，从而促进技术进步。同时，标准的实施过程也是标准发展、完善和提高的过程。随着科学技术的不断发展和进步，各种标准也随之更新和修订。

（3）实施标准有助于提高政府管理效率。在政府监管中，标准的重要价值在于它架起了法律与科学之间的桥梁；提高了行政决定过程的公开性与结果的准确性；为规范和控制行政裁量权提供了工具；提高政府管理效率提供了便捷技术措施。

2. 我国农业标准化实施现状

近年来，随着全社会对农业标准化和农产品质量安全工作的日益重视，农业标准体系不断健全，农业标准化实施示范规模不断扩大，农业标准化工作成效显著。在标准制定方面，目前农业部已组织制定发布农业国家标准和行业标准 8 000余项，推动制定地方标准和技术规范 18 000多项，基本建立了一套与国际接轨的农产品质量安全技术标准体系。标准化实施示范方面，近年来一大批园艺作物标准园、畜禽养殖标准化示范场、水产标准化健康养殖示范场和农业标准化示范县得以创建。同时，“三品一标”认证数量不断增长，农产品质量安全水平稳中有升，农业标准的作用加快显现。据估算，农业标准化实施每年给我国新增产值总计达 40 亿元以上。目前我国农业生产指导基本实现了有标可依，农产品质量安全监管基本依靠标准推行全程管理理念，通过标准调节国内外贸易。

3. 加快推进标准实施应用的对策建议

（1）进一步完善农业标准体系。以强化国家层面的国家标准和行业标准为重点，在比对参照国际标准的基础上，从满足重点行业生产、监管、贸易的实际需要出发，以生产加工环境要求及分析测试、种质要求及繁育检验评价、农业投入品质量要求及评价、农业投入品使用、动植物疫病防治、生产加工规程及管理规范、产品质量要求及测试、安全限量及测试、产品等级规格、包装标识、贮藏技术等全过程为链条进一步完善我国农业标准体系。国家层面标准重点突出农兽药残留限量及检测方法、产地环境控制、农产品质量要求以及通用生产管理规范等标准。农产品生产技术规范、操作规程类标准由地方标准来配套，使每个县域、每个基地、每个产品、每个环节、每个流程都有标可依、有标必依。

（2）健全和完善农业标准技术推广体系。一是宣传和贯彻农产品标准化知识。通过报纸、广播、电视等各种媒体和方式，大力宣传标准化在农业生产及管理中的作用，促进农民的观念转变和思想更新，加强农民的标准化知识培训，使他们掌握与其相关的农业标准化基本知识。二是建立标准化推广网络。充分利用现有农业技术推广体系，发挥各级农业技术推广人员主力军的作用，并以此为骨干建立市有示范区、县有示范乡、乡有示范村、村有重点示范户的标准推广网络，让农民亲眼看到农产品标准化的效益。三是充分发挥龙头企业的带动性。加大农业产业化经营力度，充分利用龙头企业的带动作用，把成千上万农户的生产经营引导到农业标准化轨道上来，从而加快农业标准化进程。

（3）加强农业标准实施应用监督检查力度，健全的农业标准监督体系，建设涉及检验检测、质量监督、行政执法和立法保护等机构的相互配合。各级质量监督管理部门及相关部门应严格把关，加强对农业生态环境监测和农产品的安全性检测，抓好标准实施情况的监督，实行严格的责任制和检查督办制，建立较为完善的农业生产资料、农副产品和农业生态环境等方面的监测网络。

（4）加强农业标准化信息体系建设，加强农业标准化信息体系建设，更好地做好农业标准信息公开，提高农业标准化服务水平，有效解决公众查标准难、用标准难的现实问题，是解决农业标准实施应用“最后一公里”问题的关键。一是要尽快完善中国农业质量标准网的政务服务和社会服务功能，将网站建设成为全国农业质量标准工作的权威门户。二是要开发标准信息系统。立足标准信息源头，着眼公共服务，建立起集质量标准信息动态发布、意见征求、文本推送、标准宣贯、意见反馈、统计分析于一体，数据准确、推送快捷、使用方便、服务高效的标准信息系统。三是逐步将各地农业地方标准纳入农业部的标准信息系统，形成“一个平台、分布对接，整合资源、集中服务”的标准信息服务新机制。

二、农业标准使用规程

1. 农业生产技术标准的基本要求

标准化是社会大生产的产物，是生产力发展的必然结果。在农业领域推进标准化，既是市场经济发达国家提升农业产业素质的一条基本途径，也是以工业化理念指导农业，实现农业与工业对接，两大部类经济协调发展的一条基本经验。实施农业标准化，用工业化的理念谋划农业发展，用工业化的生产经营方式经营农业，能够有效促进农业内部分工，实行专业化生产、集约化经营、社会化服务，提高农业产业的整体素质和效益。实施农业标准化，可以实现农业行业各环节、各方面资源的优化配置，有利于在现有自然资源和科学技术水平条件下实现最大的产出，提升农业产业的竞争能力。

2. 农业生产技术标准的制定原则

农业部把农业标准化作为农业和农村经济工作的主攻方向，找到了新时期以工业化理念指导农业发展的“着陆点”和“切

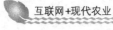

入点”。推进农业标准化，首先要建立健全农业标准体系。现有的产品标准和环境标准是强制性标准，多由国家统一制定，比较规范；生产技术标准（又称规范或规程）由各地制定，很不规范。

（1）农业技术标准的基本要求。农业生产方式不仅与农产品产量和质量有关，而且与生产成本、资源利用及产品安全有关。标准化的生产方式与传统的生产方式相比，无论是在产量、品质上，还是在节约生产成本上，以及农业资源的利用上，都应当有显著的经济效益或生态效益。从产量上讲，应当比传统、常规的生产方式方法增产10%~15%；从品质角度讲，其最终上市产品的优等品率应当提升20%以上；从生产成本讲，应当比传统的生产方式方法节约成本5%~10%；从劳动力成本讲，应当节约劳力10%以上；从农业生态资源利用讲，应当是可持续合理的开发利用；对食用农产品而言，产品安全应当是有保障的，产品的安全合格率应当超过95%，产品市场准入应当没有问题；最关键，从效益来讲，应当比传统的生产方式方法增收10%以上。只有达到了上述要求，农民才乐于接受标准，制定标准的目的才能达到。

（2）制定农业技术标准应遵循的原则。制定农业技术标准应遵循“统一、简化、协调、选优”的标准制定原则。但是，农业生产不同于工业生产，农业技术标准又是产品标准的保障，因此还需遵循以下原则。①突出地域性。农业生产最显著的特点是受自然条件影响大，地域性强。因此，农业生产技术标准不同于产品标准和产地标准的特点之一是必须突出地域性。生态条件不同，适宜的品种也不同，农作物病虫害发生种类不同，防治技术不同，只有突出地域性，才能增强针对性，提高操作性。因此，农业技术标准最好由相同生产条件的区域制定，而且尽量对不同类型区域细化。国家和省级农业技术部门原则上不必制定农业生产技术标准。②增强针对性。一个地区的农作物病虫害种类很多，就一种作物来说，病虫害也是较多的，尤其是蔬菜、瓜果。如番茄病虫害在北方地区至少也有20多种，在南方就更多。在制定生产技术规范时，不能将所有发生的病虫害的防治方法都一一列举，这样制定的标准看似全面，实际使用时却很不方便，标准也很繁复。一种作物在一个地区的病虫害的发生可以分为两种情况，一种是由于栽培管理不当引起的，一种是在特定的生态条件下发生的，既然是技术标准，就要考虑在现有的技术标准下作物将发生的病虫害种类，也就是在特定的生态条件下肯定发生的病虫害种类，这样制定的标准针对性很强，农民也容易操作，标准也很简明。③提高操作性。标准是大家共同遵循的技术规范和规则。农业技术标准是由广大农民操作的，农民的素质差异很大。一项农业技术标准，比如要要大面积实施，一个重要的方面就是要求实施推广的标准要有可操作性。农业技术标准是为农业产品标准服务的，在满足产品标准的条件下，生产技术标准不一定非要追求最先进的。比如，无公害蔬菜生产中温室白粉虱的防治比较先进的方法是用丽蚜小蜂以虫治虫，但目前饲养成本很高，不实用；而用化学防治方法只要合理使用农药，防治效果不仅好，而且还不会造成农药残留超标，操作起来也方便，农民也乐于接受。目前各地在制定无公害生产技术规程时都有这种倾向，以为技术先进了，产品质量就有保障了；但结果恰恰相反，先进的技术不能落实，实用的技术又没介绍，产品质量就没保障了。另外，生产技术标准必须通俗易懂。比如农药使用，要求提供的农药使用技术必须明确什么样的病虫害、用什么样的农药、用多大的浓度、什么时候施用、间隔期多长、最多可以用几次等，都应非常明细。要让标准的使用者一目了然，不用过多的研究和思考就可以操作。④增加适应性。农业生产技术标准不仅应随着产品质量标准的发展而发展，而且要随着农业技术的进步、病虫害种类的改变而及时调整、完善。产品质量标准是随着经济、技术和社会的发展而不断调整、完善的，农业生产技术标准理所当然应随着产品标准的调整完善而调整和完善，才能生产出符合标准的产品。同时，农业生产技术标准还应随着农业技术的进步、病虫害种类的改变而及时调整、完善。如随着优质、丰产、抗病虫害品种的推广应用，对栽培技术的要求发生了变化，病虫害种类也发生了变化，农业技术标准也要随之而发生改变；新的农业投入品的出现会更加简化栽培技术，农业技术标准也要随之而发生改变；农作物病虫害种类会随着生产条件的改变而改变，原有的优势种可能会变为劣势种，原有的劣势种可能会变为优势种，防治重点发生变化，农业技术标准也要随之而发生改变；生物防治技术的成熟和新型环保农药研制成功都会使病虫害防治措施变得简单，农业技术标准也要随之而发生改变。所以，农业技术标准不像产品标准那样相对稳定，为了增强针对性，应及时调整、完善。⑤注重简约化。农业生产技术是相互关联的，如施肥技术、灌水技术、栽培技术都与病虫害发生有关，在无公害生产技术标准制定中，为了追求安全性，往往强调栽培技术对病虫害的防治作用，对栽培管理技术写的很细，期望通过栽培技术控制病虫害发生，减少化学农药的使用，这种愿望是好的，原则也是对的，但要具体问题具体分析。有些栽培措施对病虫害的控制效果很有效，这些措施必须在技术标准中得到体现，即或是增加劳动量，也会因产品质量的保证、产量的提高而得到农民的认可；有些栽培措施对病虫害的控制效果有限，那么在制定技术标准时不必体现，以免增加劳动量。⑥力求科学化。农业技术标准解决的是农业生产过程中有害物的控制，重点是农药的残留问题。因此，农药的科学合理使用在制定技术标准时至关重要。首先是农药毒性的问题。针对一种具体的病虫害选择的原则应该是优先采用生物农药，然后是化学农药。选择化学农药时，应选高效、低毒、低残留农药。目前，我们国家农药残留标准还不健全，仅有40多种农药有残留标准，不管是有残留标准的农药还是无残留标准的农药都可以选择，关键是看毒性和残留，在高效的前提下，选择毒性低和残留量少的农药品种是原则，因为我们考虑的是安全性，其次是安全间隔期问题。在一次采收的作物中这个问题好解决，如粮食作物、瓜、果病虫害防治，从某种病虫害的最后一次施药时期到作物收获期的时间就可以筛选出适宜的农药品种。对连续采收的作物如蔬菜等在采收期使用农药就要考虑蔬菜的采收间隔期，并以此作为选择农药品种的依据，同样条件下选择安全间隔期短的农药品种。

三、农业标准操作示范

农业标准操作示范是指在农业生产产前、产中、产后全过程实施农业技术标准、管理标准和工作标准，实现产地环境无害化、基地建设规模化、生产过程规范化、质量控制制度化、生产经营产业化、产品流通品牌化，以更好地辐射带动农业标准化生产水平的提高。农业标准化实施示范的重点是农业标准的转化、培训和应用。2006年1月农业部印发的《农业标准化实施示范项目资金管理暂行办法》规定："农业标准化实施示范的形式是建设以核心示范区为主要内容的国家级农业标准化示范县"，它是指导各农业部门编写标准规范性的文件。

标准操作技术规程是农作物种植或者进行农产品加工的具体做法，包括种植的操作技术规程和加工的操作技术规程。定义为：对重复种植的作物或者加工的农产品，完成整个种植过程或加工过程所必须的各种技术条件和配套的技术参数规定。

第二节 农技专家指导

农民的价值观较为现实，对新技术多持观望态度，一般都是等别人成功了自己再跟着用。即便是敢于作第一的人，也存在极大的顾虑，在新技术的采用上始终有所保留。只有通过培植文化水平较高，善于应用技术，对周边的农民有很强的示范、辐射作用的先进科技示范户，并帮助他们办高产高效示范点，让农民亲眼目睹了科技带来的实惠和依靠科技可以致富的事实，从而培养了学科学、用科学的自觉性和主动性。

引导农民实现增产增收是当前农技人员的一项重要工作任务，现代农业的发展需要一支高素质的农业科技推广队伍，我们只有不断加强学习，更新知识，提升政治素养、提高业务技能，以饱满的工作热情，完善的服务举措，开创农技推广新局面，更好地为现代农业发展出力，为新农村建设作出新的贡献。

农民培训工作应从以下几个方面着手：一要有针对性地为农民解答生产中存在的问题，从而提高了培训实效。二是丰富培训内容，在培训内容上，既要有农民进行农业结构调整急需的新技术，也要有市场信息和政策法规方面的知识，达到提高农民的技术水平和经营能力的目的。三是因人施教，增强培训效果，受打工经济的影响，留守农村的劳动力大多是妇女和50岁以上的男性，他们的听力、记忆力都较差，文化水平低，对新技术的接受和理解能力较差，所以在组织农民培训时，要采取适当的方法，尽可能做到理论联系实际，鼓励他们从动手中学，从经验中学，农民之间互相学习，从而达到提高认识、种植技能的目的，可以请当地先进示范户“现身说法”讲经验，用活生生的事实引导农民提高认识，更新观念，改变传统的种植方法。四是要努力做好说服教育工作，和农民交知心朋友，让广大农民从“等服务”

向“要服务”转变，不但要借助会议、媒体推介，还可以通过编顺口溜、张贴标语横幅宣传我们的工作，使群众不断增强接受新技术、应用新技术的自觉性，从而克服“等、靠、要”的不良倾向。

农业服务机构要做好技术推广和农产品质量监管。第一，全国性的农技推广与服务平台的建立可以交由市场和企业去摸索，政府变主导为参与，减少管理和干预，做好物流、村网通等基础设施建设，加大对互联网企业的支持和引导力度。我国农技服务一直是自上而下的方式，不能满足现在的生产需要，这个传统格局急切需要打破，市场的事情交由市场去解决，通过市场化竞争推动高效的推广和服务渠道，基层的问题才能得到真正的改善和优化。第二，进一步加快推进落实农村地区互联网基础设施建设，重点解决宽带村村通、农村光纤等问题，同时，进一步加快智能手机在农村的普及研发和推广，加强各类涉农信息资源的深度开发，完善农村信息化业务平台和服务中心，为“互联网+农技服务”提供前提基础。第三，加大对全国范围内农技员的互联网化引导，设立专项奖励资金和荣誉，提高农技员利用移动互联网工具服务农户的意识和积极性，逐步实现农技服务市场化。第四，鼓励农业互联网企业加入村级信息化建设中来，争取在每个村培养 1 名有文化、懂信息、能服务的农技信息员，开设村级信息服务站，使农民与市场、技术实现有效对接。第五，鼓励农业互联网企业参与建立完备的农技员培训体系，帮助农技员成长，使得农技员能依靠自身所掌握的农业技术获得经济效益。

第三节 农机服务

农业机械服务行业，简称农机服务业，是为农业生产提供机械化服务业务的总称，指农机服务组织、农机户为其他农业生产者提供的机耕、机播、机收、排灌、植保等各类农机作业服务，以及相关的农机维修、供应、中介、租赁等有偿服务的总称。

一、农机监管

近年来，农村农机数量持续增加，同时农机事故也呈上升趋势。目前，农机驾驶员多数未经专业培训，自己摸索操作，违章操作现象突出。由于一些农机手安全意识差，农用车辆既不办理上路手续，也不参加年检，尤其是很多农用拖拉机一机多用，农忙时下地耕种，农闲时又变成上街赶集或走亲访友的代步工具，安全隐患较多。强化农机安全监管，一要强化源头管理。在农民购买农机时，要切实抓好农机检验服务和驾驶人员培训管理。二要加大对农机安全生产监管执法力度。有关部门要加强巡查和监管，严厉查处拖拉机违规上路行驶、违规载人、超速超载等违法违规行为。三要深入开展农机安全宣传教育活动。在集镇和农机手较为集中的地方，发放宣传资料，向广大农机手宣传农机安全生产、安全操作规程、交通法规等。

1. 农机安全监理在农村经济中的地位和作用

农机监理机构作为安全生产执法机构，依照国家和地方有关农业机械和安全生产的方针、政策、法规，对农业机械及其驾驶操作人员进行牌证管理，纠正违章，杜绝事故，保证农机安全生产，确保人民生命财产安全和社会稳定。农机监理作为实施法规管理的主要手段，确保农业机械在维修、保养和使用中的安全，在农业生产中发挥应有的作用，让农业机械在农业生产中保持良好的技术状态，促使操作人员具有合格的操作技术，适应并满足农业生产的需要。农机监理把维护人民生命财产安全作为自己的职责，把促进农业生产和农村经济发展作为工作目标，通过开展安全教育和技术服务活动，排除事故隐患，对于保持机具处于良好状态，提高农机手文化素质，具有深远的意义。农机监理把安全与服务结合，以文明的服务协调农业生产关系，解决农机事故纠纷，并依照法律进行人性化的管理服务，对农业机械及其驾驶人员进行社会性安全管理，因此，农机监理在机械化农业生产中具有非常重要的作用。农机监理以服务为手段，把农机培训、修理、管理、推广、供应等工作形成一个整体，相互协调，让农机手有困难找监理，做到真正为农机手服务，在稳定农村和经济发展中起到积极的促进作用。

2. 农机监理工作中存在的问题

（1）农机监理机构办公设施简陋，特别是办公室缺乏的必要的工作条件，严重阻碍农机监理工作向更高层次发展。按照国家农业行业标准（NY/T 2773—2015）《农业机械安全监理机构装备建设标准》的要求，机构应配备必要的交通、通信、检测、事故勘察仪器及办公自动化设备。从农业机械运行安全技术检验到挂牌上微机入档案，虽是一条龙服务，但由于办公设备落后，在一定程度上制约了农机监理规范化建设和工作效率的提高。

（2）农机监管缺乏体制保障，监理人员工资待遇落实不到位。农机监理是国家公共行政管理的重要组成部分，肩负着全县农业机械安全的公共管理职能，是面向“三农”服务的机关。按照《中华人民共和国行政许可法》等法律的规定，农机监理机关是国家行政机关，农机监理人员应享有国家公务员待遇。但是，现实的情况却事违人愿，农机站根本就没有相应的费用来做保障，他们的工资待遇是差补，而其运营主要依靠收取常规费来实现的，从而导致这个政府部门的存在是名存实亡。

（3）对农机安全监管工作的宣传不到位。这些年来，随着国家对基层农机安全质量状况的重视，各级各地市政府部门已经将农民使用农机的安全教育提上了议事的议程，并借用各种方式来开展宣传教育工作。在各大地方报纸、政府政务宣传栏中都能见到有关管理农民安全使用农机的宣传报贴。但是，仔细观察就会发现这些宣传多事安排在管理条例、政策通知、通告等法律法规中的，有关农机安全使用的措施和手段以及加强农机监管的利弊等方面却没有介绍，这样就导致对农机安全监管工作的宣传变成了高高在上的政策宣传，导致许多农民不能从自身的安全处境中考虑加大农机监管的必要性，容易使他们在认识上出现偏差。

（4）监管尺度受限，缺少部门协作。伴随着道路交通相关法律法规的逐渐落实，有关农机监管的问题也是逐渐地显现。在《中华人民共和国道路交通安全法》中没有对农机的路查权、扣车权、处罚权以及事故处理权进行具体的规定，从而导致在具体的路障处理中，对农机的约束和规范就变成了真空地带，甚至是三不管。这样就为农机的监管工作带来了很大的困境，使对农机的处罚是进退两难，最终导致相关的监管部门是想管不敢管。总的来说，《中华人民共和国道路交通安全法》中有关农机上路检查权的缺失，导致农机监管权力受限，为农机的监管工作带来麻烦。

3. 加强农机监管力度的措施

（1）加强部门间协调，营造一个良好的执法环境。遵守《中华人民共和国道路交通安全法》各项条例的前提下，改善农机监管部门的监管职权。在地方的农机监管执法中，要密切联系有关部门的协作进行，特别是公安交警的积极配合，形成监管合力，改变过去那种被动农机监管局面，为农机监管营造一个良好的执法环境。

（2）提高农民的安全意识，认识到农机监管的重要性。提高农民的安全意识重在宣传，宣传的工作主要是从以下两个方面进行：一是地方农机管理部门及相关部门要在思想上提高认识，把农机安全监管的宣传提到政策落实的高度，并制订周期性的宣传计划，使农机安全教育经常化、规范化和制度化。二是做好宣传内容的完善，改变过去那种重政策宣传的弊端。

（3）转变监管理念，树立服务工作的态度。首先，合法牌证要严格按照国家相关的项目收费标准，不要乱要价，乱收费。其次，改变过去那种坐等农机手上门办牌证的办事流程，要以积极主动的态度，将办公场所搬进村委会，方便农民办理农机办事手续，节省办事时间。最后针对农村尝试用不符合安全技术标准的拼装和报废车辆这一现状，要强制落实报废制度，从根本上杜绝安全隐患，同时可以考虑到农村经济基础薄弱，给报废的车辆一定的报废补贴，帮助农民添置新的农机。

二、农机远程服务

随着我国农业现代化的进程不断加快，农业机械化已成为现代农业的重要组成部分。农业机械数量的快速增加以及农业机械跨区作业，对农业机械的信息化管理调度和安全作业保障技术提出了更高的要求。良好的农业机械管理调度和远程作业技术保障技术能够促进农业生产适时进行，确保提高农机作业效率，对农业现代化发展有着重要作用。

在国外，计算机技术及网络技术在农机化方面已经有着较广泛的应用，尤其是面向农场及农机企业的农机信息管理技术发展成熟。近年来，我国农机行业科研人员针对农业机械的管理、故障预警和诊断维修等方面开发出了一系列的农业机械化管理决策支持系统与故障诊断专家系统等。但这些软件系统只涉及农机行业的某一方面，而且大部分系统尚未应用到生产中，未发挥其应有的作用。在互联网越来越普及以及国家大力推进农业机械化和发展物联网的政策背景下，开展基于网络系统的农业机械远程服务与保障技术研究，来解决在农机化信息管理中存在的问题，以适应我国农业现代化的要求，有着重要的现实意义。

【案例】

农机通——廊坊市农机化与信息化融合

2014年4月廊坊市农业局与廊坊市联通公司在廊坊市农业局签署了《廊坊市农业机械远程控制管理合作协议》，这标志着廊坊市“农机通”正式启动。“农机通——农机远程控制管理及农机化信息服务平台”是发挥各自领域资源优势，共同推进全市农村信息化建设的重要举措，是一项跨行业、跨领域、跨部门的战略性协作，也是一次实现“政企联动、优势互补、资源共享、服务三农”的有益探索。“农机通”的启动，标志着廊坊市农机化与信息化融合工作进入一个新阶段。面对农机大量增加，流动范围不断扩展的新趋势，依托“农机通”平台，以现代通信技术为载体，是农机和联通部门创新工作方法、服务农机手的一件好事，也是一件实事。

一、“农机通”的建设将是农机化快速发展的金钥匙

“农机通”项目的启动，是农业部门与中国联通积极贯彻党的十八大精神而提出的“促进工业化、信息化、城镇化、农业现代化同步发展”的务实行动。结合党的群众路线教育实践活动，也是廊坊市农业局和联通公司为广大农民和农机手办实事的具体举措，农业农机部门和联通公司密切配合、通力合作，借助联通集团公司拥有的网络通信资源，把为老百姓办的这件实事办实、办好。推出的“农机通”服务平台是运用现代计算机和通讯技术，基于中国联通手机定位技术下的农业机械远程控制管理与农机化信息服务系统，可实现作业机械定位、远程调度、农机信息服务、农机安全管理、农机呼叫中心和专家咨询等多项功能。平台的投入使用，开辟了农机管理部门、农机企业、农民和农机户之间的快速通道，有效提升了农机管理部门的农机社会化与信息化服务水平，有利于提高农业生产

经营信息化水平，促进农业增效、农民增收和农村发展。“农机通”工作的开展，将推动廊坊市农业现代化与信息化的有机融合，将为促进农业增效、农民增收和农村经济发展做出贡献。

二、“农机通”加强了政府与农机户之间的直接联系

首先，为农民搭建农机购置补贴咨询平台。“农机通”以手机、网络为主要咨询方式，以短信平台、网页浏览咨询模式全方位、立体快速联动、信息及时等优点及时为广大农户服务。其次，为农机户的农机培训、技术答疑、了解农机法律法规及新农机具推广实现点对点链接。由于农机系统的资源有限，每年的农机培训远远不能满足广大农机用户的需求。农机户不能及时地了解到国家的新政策、新规定、新机具。“农机通”以手机短信息平台发布农机培训信息、国家政策、新机具信息等，为大农机户提供快捷、有效的农机化信息服务。再次，农机监理工作能全程跟进。截至2013年年底，全市拥有拖拉机7万多台，拖拉机配套农机具11万多台，农用运输车25万多台，播种机7 700台，联合收割机5 680台，其他收获机械5 820台。这些农机具销售后，往往后期难以跟踪指导。通过“农机通”的建立可以使农机具与“农机通”实现捆绑，通过手机、GPS和网络实现实时动态来确定农机位置与工作状况。

三、实现廊坊地区农机户的横向联系

“农机通”该项业务，覆盖廊坊全县（市）区，是搭建农机用户之间的交流平台，对于农机用户之间的经验交流、技术推广、维修保养和地区农机化发展将起到巨大推动作用。

四、促进农机整体服务体系做大做强

廊坊市现有农机化作业服务组织529个，农机户18万多户，每年农机专业合作社都进行跨区作业，通过“农机通”的建立，可以实现与全国农机信息联网，方便农机作业信息交流，有利于

廊坊市农机管理部门实现跟踪与指导，也必然提高廊坊市农机服务组织在全国的知名度和影响力。通过“农机通”还可实现农机专业合作社之间的优势互补，形成农机合作大联盟，打造廊坊地区农机服务组织大航母。

五、吸引更多农民加入到“农机通”

目前廊坊市乡村农机从业人员为24万多人，若以此为基础，每户带动1~2人加入“农机通”，则廊坊地区的农机通使用人数将达到50万，必将形成廊坊地区的农机用户大联网。

三、种植机械化

机械化种植能减轻工作强度，为了进一步扩大种植规模，保证种植品种的生长状况均衡，便于掌控各个环节，对植物规格的统一有很大作用，有利于批量生产合格的农副产品，建立与机械化相应的种植体系。机械化种植虽很有必要，但要实现起来，仍需转变目前思路，花时间建立与机械化相应的种植体系。目前不少引进的机械并不适合中国的情况，需要改进和提高，不是想怎么种，机械就能满足它，这两者要协调统一。

以番茄收获为例，美国的番茄可以用机器收获，是因为果实易掉落，其果与柄结合得比较弱，用机器摇一摇，果实就哗啦哗啦掉下来了。但用美国的机械收获国内的番茄，并不奏效。对此，事实证明，过去“怎么种植，就怎么给它配机械”的思路并不成功。只有种植农艺与机械化作为一个整体，相互密切配合进行研究，才能较快地开发出性能优越、实用、价廉的蔬菜生产机械。比如农艺专家应培育振动易掉落和不易损伤（厚皮）适于机械收获的番茄品种；此外，菜垄的宽度、高度和菜苗行株距应有标准化配套。

一般蔬菜收获作业约占整个作业量的40%，这是另一个研发的重点工序。胡萝卜、马铃薯等根菜类收获机械现在较成熟，国内已有一些产品。但番茄、黄瓜等果菜的采收难度较大。目前，我国一些企业正大力研发推广色拉菜、橄榄菜、大白菜等叶菜类半机械化收获包装车，这种机器可大大减少农民的劳动强度，提高生产效率，价格也较低。由于就地包装，还可提高产品质量，减少物流运输量和城市垃圾，降低能耗。

1. 推进措施

(1) 理清发展思路，明确发展重点。

通过调查研究，掌握现状，摸清需求，按照因地制宜、体现特色、先易后难、梯度推进的原则，从高效农业急需和农民急用出发，从解决劳动强度大、用工量多的问题入手，突破薄弱环节，加快发展五大主导产业农业机械。①畜禽业养殖机械。围绕畜禽养殖中孵化、饲草料生产加工粉碎、投喂饲、粪便清理处理、养殖环境控制、病害防疫、畜产品采集等环节，重点发展通风散热设备、投喂饲设备、粪便处理设备和环境控制等设备。②渔业养殖机械。围绕水产养殖中投饲、水质调控、清淤、起捕等环节，重点发展投饲、水质调控和监控装备。③林果业种植机械。围绕林果种植中中耕、施肥灌溉、植保、修剪、采收、田间转运、保鲜等环节，重点发展中耕、高效植保和水肥一体装备。④花卉苗木业种植机械。围绕花卉苗木种植中机械化播种、育苗、耕整、开沟、种植、施肥灌溉、植保、挖穴、采运、环境调控等环节，重点发展播种、耕整、种植、植保和环境控制装备。⑤蔬菜园艺业种植机械。围绕蔬菜园艺种植中机械化播种、育苗、耕整、开沟起垄覆膜、种植、施肥、灌溉、植保、收割、采运、环境调控、清洗、包装等环节，重点发展播种、耕整、种植、植保和水肥一体装备。

(2) 结合各地实际，多措并举推进。①进一步加大资金投入力度。把高效设施农机发展作为财政支农资金扶持的重点，优先安排、优先扶持，加大适合本地生产作业的机具的补贴力度，加快高效、先进、适用的农机装备示范推广。整合高效设施农业项目，充分发挥财政资金的引导、整合、带动作用，逐步建立以政府投入为引导，农民和社会投资为主体的多渠道农机化投入机制，形成合力，共同促进高效设施农业机械化的发展，使更多具有示范效应的农业机械应用于该区农业生产，实现装备数量快速增长和发展结构优化升级同步推进。②进一步加强宣传推广。通过机具、图片展示和机具作业视频播放，集中展示五大主导产业适用的农机装备，并组织各主导产业规模经营户开展现场演示和技术培训，通过强化宣传、示范引导和现场推进，加快高效设施农业机械示范推广。③进一步加强机艺融合。树立发展“机械化农业”的理念，加强部门合作，从设施农业基础建设到育种、栽培、加工、消费，全过程统筹研究农机化技术的集成配套，探索制订本地区主导产业农机农艺相适应的机械化生产技术路线及装备配置方案，推广应用与现代农艺相适应的先进、高效农业机械。④进一步做好示范点建设。充分发挥省、市、区农机化科技示范基地的引领作用，主动参与现代高效设施产业园区建设，大力发展有利于规模化、产业化生产的机械装备和技术，加快先进适用、技术成熟、安全可靠、节能环保的农机装备的推广应用，着力发展高效设施农业关键环节机械化，积极探索设施农业机械化发展新模式，建立可复制、可推广的农机农艺融合示范点，以点带面，逐步推开。

2. 发展高效设施农业机械化的建议

（1）推进高效设施农业生产规模化、标准化。高效设施农业作物种类多、差异大、种植制度不规范，田块散、空间小、基地建设不标准，在一定程度上制约了高效设施农业机械化的发展。应从发展“机械化农业”出发，坚持机械化技术及设备的引进应用与高效设施农业种植、管理技术相结合，做到标准先行，按照栽培农艺要求，制定统一的作业标准，建立适应全程机械化生产的种植模式。积极争取政策扶持，推动土地流转，实现适度规模经营。

（2）加快先进适用的新机具、新技术的引进和创新。鼓励产、学、研、推等部门紧密配合，加强科技创新和成果转化，促进高效设施农业先进适用的新机具、新技术的有效供给。加大扶持力度，加快适合本地高效设施农业生产的新机具、新技术的引进、消化、吸收、创新，促进农业机械化全程、全面、高质、高效发展。

四、养殖机械化

养殖生产机械化是养殖生产技术的重要内容之一，它不仅可以大幅度提高养殖业的劳动生产率、降低生产成本，而且可以为先进的育种技术和养殖工艺等提供了硬件保障与技术载体，从而进一步提高养殖产品的质量和产量。

“畜牧业的发展要服从和服务于经济社会发展大局，满足城乡居民肉蛋奶等主要畜产品消费需求是畜牧业发展的首要任务。随着我国消费者需求的变化，畜产品的数量增速在变化，畜产品的结构在变化，畜产品的生产方式也在变化。这也意味着我国畜牧产业进入了转型发展阶段。”这是农业部畜牧业司副司长王俊勋在“2016畜牧机械化论坛”上发表的讲话。

近些年来，我国畜牧业对于生产模式变革的要求愈发强烈，而随着机械化的发展，畜牧技术的升级换代也成为的必然。中国农业大学教授施正香表示，与传统养殖业相比，自动化、集约化、规模化程度更高，环境控制技术更先进，生物安全水平更高。而这一阶段的重要标志则为：小规模散户快速退出，饲养员难招、劳动力成本倍增，对机械化、自动化养殖技术需求提高，对畜产品质量安全要求普遍关注，寻求标准化规模养殖支撑技术，大型企业介入，大量业外资金涌入。提升畜牧机械化水平是保证畜禽肉类产出率、提升我国肉类产品的国际竞争力水平以及提高养殖业收入的重要手段。在主要粮食作物机械化水平不断提高，经济作物机械化水平不断提速的当下，适应消费者需求的变化，加快畜牧机械化水平将成为我国农机化发展的又一个突破点。

2015 年我国肉类年产量为 8 625 万吨，其中禽蛋产量 2 999 万吨，居世界第一；奶类产量 3 755万吨，居世界第三。即使这样，我国的肉类进口量近几年来一直呈上升趋势，贸易逆差不断扩大，导致这种现象的原因也与粮食作物类同，在生产效率方面，与发达国家相比，我国畜牧业生产效率还不够高，同样的饲料投入得到的产出要低于世界先进水平；在技术水平上，与国际先进水平相比，我国畜牧业发展的良种化、生产水平、科技支撑也比较落后。

不足就是潜力，短板就是重点，需求就是方向。国务院日前印发的《全国农业现代化规划（2016—2020 年）》在“促进农业机械化提档升级”中明确提出“积极发展畜牧业和渔业机械化”，这是畜牧机械行业和畜牧养殖行业的重大利好。很多业内人士认为，农机化发展下一步要做好细分市场，特别是畜牧机械是未来的蓝海。要解决关键问题，还需各方共同努力。专家认为，在人才建设上，各大科研院校应加强在畜牧人才方面的培养，实行科研教学与实践相结合的思路，鼓励人才走出去，请进来，加大与国外畜牧科研院所的合作。在研发方面，目前国家鼓励各种创新联盟的创建，通过创新联盟就某一领域、某一技术开展科研攻关。在资金投入上，不仅需要机械生产企业加大人才、研发投入，还需利用政策，起到四两拨千斤的效果。

1. 健康养殖

（1）健康养殖的概念。20 世纪 90 年代中期以来，我国海水养殖界提出健康养殖的概念，此后逐渐向淡水养殖、牲畜养殖和家禽养殖领域覆盖，并逐步补充和完善。国际上，健康养殖的研究内容主要包括养殖生态环境的保护与修复、动物疫病防治、绿色药物研发、优质饲料配制、畜禽制品质量安全全程监控等领域。健康养殖主要指通过对动物养殖种类、环境、饲料和药物等因素的合理管控，使所养殖的动物能够健康生长，并能够生产出符合人类自身营养需求的健康需求的无公害的畜禽和水产制品的过程。

(2) 健康养殖的必要性。近年来，随着社会的发展和人民生活水平的不断提高，畜禽和水产产品的数量得到一定程度的满足，但养殖环境却相对落后，发病率高、死亡率高，在养殖过程中大量使用化学消毒剂和滥用抗生素，导致肉、蛋、奶等产品不同程度地存在着有毒有害物质残存和污染问题，对人民群众的生命健康构成潜在威胁。目前，人们的消费观念正在由温饱型消费逐步向小康型消费转变，开始注重生活质量，对食品的内在品质和安全性提出了更高的要求，因此，健康养殖变得尤为重要。

(3) 畜禽健康养殖。畜禽健康养殖以保护动物的身心健康为核心，生产出符合营养和安全标准、满足人类健康需求的畜禽产品为目的，最终达到畜禽养殖业无公害生产的结果。畜禽健康养殖的核心是经济效益、社会效益和生态效益的统一；畜禽健康养殖的内涵是提供优质、安全、无公害的畜禽产品；畜禽健康养殖的主要特点是追求数量、质量和安全并重的现代畜禽养殖业生产。

2. 畜禽健康养殖机械化新技术

为改变传统畜禽养殖业现状，各地市积极创新养殖模式，建立示范基地（点），将现代机械化、自动化技术装备结合物理农业技术装备应用于畜禽养殖业，实现安全、高效、节能、环保养殖示范模式，并推广应用。其中，天津建立的示范基地畜禽养殖模式主要基于以下几个技术：

（1）臭氧杀菌消毒技术。臭氧是一种强氧化剂，具有高效性、广谱性、高洁性和不留死角的独特杀菌作用，在一定浓度和时间下，臭氧能作用于细菌的细胞壁，与脂类的双键反应，也能作用于细胞膜，破坏膜内脂蛋白和脂多糖，还能作用于细胞内的核物质，如核酸中的嘌呤和嘧啶破坏，进而破坏脱氧核糖核酸（DNA）和核糖核酸（RNA），改变细胞的通透性，造成细菌的新陈代谢障碍，导致细菌死亡。臭氧对细菌、真菌和病毒等多种微生物杀灭率高达99.9%~100%。使用臭氧发生器在畜禽舍内部空间产生臭氧，能够有效消灭疫病传染来源、阻断传播途径，切断改善畜禽养殖环境，提高畜禽抗病能力。

（2）空气电净化防病防疫技术。空气电净化防病防疫技术是一种用于畜禽舍整体空间的空气净化和灭菌消毒的空间电场技术，利用电极线与地面之间建立起自动循环、间歇工作的空间电场，并在电极线周围生成微量臭氧、氮氧化物和高能带电粒子。空间中的细小粉尘在场的作用下定向运动，吸附在地面、墙面和电极线表面，病原微生物在定向运动的过程中被臭氧、氮氧化物和高能带电粒子杀死。这项技术能够有效净化畜禽舍内空气环境、脱除微生物气溶胶，杀灭致病微生物，抑制畜禽舍内恶臭气味。

（3）粪道等离子除臭灭菌技术。粪道等离子除臭灭菌技术利用高频高压沿面放电的等离子体氧化技术原理产生等离子体。高频高压的陶瓷电极栅形成的电离激发可以生成大量的空气氧化剂，比如：臭氧、氮氧化物以及氧原子、正离子和负离子，将这些等离子体通过高速高压风机吹入畜禽舍粪道中，与硫化氢（H_2S）、氨气（NH_3）以及微生物相遇时，就会立即发生氧化、灭杀和消解过程，从而达到灭菌和除臭的效果。

（4）环境监测及预警技术。综合使用多种传感器，利用Internet技术将影响畜禽养殖的温度、湿度、光照、粉尘和有害气体等环境因素反馈至用户终端（如计算机、手机），实现畜禽舍环境数据的实时显示、历史数据的查询浏览、监测条件的维护和节点的信息维护等。结合专家知识，对环境因子的“偏高”和“偏低”进行模糊推理预警，从而全面掌握各项机械设备的运转情况和畜禽生长情况。

五、植保自动化

在农作物的整个生长过程中，植保是必不可少的环节。出于保护土壤和农作物，农民在施肥之前都需要经过分析与研究，他们需要考虑不同化学药剂对于某种病虫害或杂草的杀伤力，使用何种化学药剂对作物和土壤影响小，甚至还要考虑当地法律对于农作物中化学元素含量的要求。这诸多的因素使得施肥过程并不容易，用户可能会喷洒错误的农药或杀虫剂，或者喷洒在非目标区域，这样一来，不但农作物得不到及时救治，还会产生了不必要的药害或农药超标等情况。随着全球气候变暖，农业有害生物突变频率和危害趋势不断加重，致使农业生态环境发生变化，在加快高效生态农业发展，促进农业增产和农民增收的大前提下，作为农业生产基础保障的植物保护事业面临着挑战与机遇，在“互联网+”的浪潮下，无人机智能植保将催促千亿产业板块。

保证粮食安全是中国的基本国策，在农业发展过程中，农药、化肥健康等的使用，对粮食的增产发挥了重要的作用，但是，在有些地区，由于农药使用不合理，在影响农产品质量安全的同时，也造成了一定程度的生态环境污染。2015年中央一号文件提出，要加强农业面源污染治理。为进行农业生态修复，保障农业生产安全、生态安全和农产品质量安全主要途径是实行农业产业化，在当前中国粮食作物生产过程中，耕、播、收环节已经实现农业机械化，然而，植保仍以人工、半机械化操作为主，植保作业投入的劳动力人工多、劳动强度大，施药人员中毒事件时有发生。据相关资料显示，我国每年因防治不及时，病虫害造成的粮食作物产量损失达10%以上；传统植保作业机械存在施药成本高、过量使用农药，农药利用率低等问题。

促进农业大发展，关键在于农业产业化，农业是我国最传统的基础产业，亟需用数字技术提升农业生产效率，智能植保综合解决方案应运而生。洛克希德（武汉）无人机科学研究院有限公司首席执行官（CEO）何正泽介绍："通过信息技术对地块的土壤、肥力、气候、植保等进行大数据分析，然后据此提供种植、植保相关的系统解决方案，可大大提升农业生产效率，此外，通过互联网交易平台减少农资、农产品买卖中间环节，增加农民收益，智能植保产业有着巨大的市场空间。"

近几年来，在国家政策扶持下，植保无人机行业得到快速发展。何正泽认为："多数无人机生产商停留在卖设备的基础阶段，对于整体技术的科学应用研究很少。农业植保可融合无人机、农机合作社，药企等产业，创新思维，集约服务，跨界融合，可形成一个巨大循环的产业集群。"

据介绍，智能植保无人机可根据自动采集的田间地理信息、环境温度、湿度、风力、风向、飞行高度与速度等参数，结合APP设定的作物种类、病虫期、农药种类、剂型、配比等参数命令，无人植保机在作业过程中智能调节喷洒计量与雾滴大小，并适时上传全部数据，以此建立农业植保大数据库。从而对网络中的每架无人植保机进行定位、监测、管理。绘制植保处方图，制定植保系统解决方案，与药企、农机合作社、生产性服务业等融合创新，发展壮大新兴业态，打造新的产业增长点。

据了解，融入智能植保的多旋翼无人机，其高效、经济、精准、环保、安全、便利，农药利用率达到85%，较常规施药可节省90%的水和50%的农药，植保无人机喷洒的效率是人工的20~

30倍，大幅度降低用工成本、农药生产成本、农药流通成本，有效地促进了农业增产增收，何正泽预测：以“互联网+”模式打造的无人植保机植保产业共享经济圈，每年市场空间将超过千亿元。

第六章　互联网+农业电商：农产品营销电商化

近几年，随着互联网科技的迅猛发展，农业生产发展现代化程度不断加深，信息化水平不断提高，农业领域取得了突破性进展，而农批市场作为农业产业链中一个重要环节，也在紧跟时代发展步伐探索转型升级之道，尤其是随着近两年农业电商的兴起，越来越多的农批市场开始尝试拥抱电商，以求早日实现自身的信息化和品牌化。但由于大多数的农业电商平台缺乏经验和能力，虽然抢滩农批市场时口号震天，却并没有能够为农批市场带来实质性的改变。

当然，在这些电商洪流中，也有那么一些我们所熟知的平台，通过不断发展，实现了自身提升，日益趋向于专业，真正能够为农批市场分忧解难。这类平台比如山东寿光、北京新发地这些老平台，以及近两年来如黑马之势脱颖而出的谷登电商平台。前者通过长时间发展，积累了一定客户群体，后者仅用了半年时间，便得到了多家农批大市场的青睐。在短短半年内，平台实现了十多家市场的相继入驻，迅速成为行业焦点。不仅仅是平台本身，农批市场在这个过程中也得到了更多的关注，借助平台的资源优势，实现内部管理规范化，农产品流通高效化，使自身得到提升与发展。

第一节　农产品电子商务的内涵

一、农产品电子商务的基本概念

所谓电子商务是指在互联网上开展商务活动，所以一般将电子商务定义为利用网络和数字化技术从事的商业活动。按照电子商务专题报告的定义，电子商务是指通过电信网络进行的生产、营销和流通活动，它不仅指基于互联网上的交易，而且指所有利用电子信息技术来解决问题、降低成本、增加价值和创造商机的商务活动，包括通过网络实现从原材料查询、采购、产品展示、订购到出口、储运以及电子支付等一系列的贸易活动。

农产品电子商务就是在农产品生产、销售、初级加工以及运输过程中全面导入电子商务系统，利用一切信息基础设施来开展与农产品的产前、产中、产后相关的业务活动。农产品是交易的对象，农产品的概念和农业的概念密切相关。广义农业包括种植业、畜牧业、林业、渔业以及农业服务业，所以广义的农产品包括了上述各部门的产品及其初级加工产品。

开展农产品电子商务就要在农产品生产与流通过程中引入电子商务系统，例如生产之前需要利用信息设备搜集最新的需求信息，了解市场动态与趋势，利用市场信息进行生产决策，以保证生产出来的产品能够找到市场；在生产的过程中要及时了解影响农产品生产的各种信息，用以指导生产过程，过程中还要考虑到生产的标准化问题：交易中买卖双方可以通过电子商务平台进行咨询洽谈，签订电子合同，还可以通过网络进行支付结算；在产品运输过程中利用电子商务物流系统来监控整个运输过程。在农业部门应用信息手段开展农产品电子商务，实际上是将现代信息技术、网络技术等与传统农产品生产贸易结合起来，以提高效率，节约成本，扩大农产品的市场范围，改善农业价值链，提高农产品的竞争力。

二、农产品电子商务的交易特征

近年来，在消费结构发生巨大变化，网络购物越来越普及，消费者追求绿色食品需求旺盛以及政府部门高度重视等多重因素共同驱动下，我国农产品电子商务呈蓬勃发展态势。在促进流通，便利消费，特别是在推动农业转型升级方面发挥了重要的作用。目前，我国农产品电子商务主要有3个方面的特点。

1. 我国农产品电子商务平台和模式不断创新

据统计，2013年我国各类其中电子商务网站3 000多个。就农产品网络零售而言，逐渐形成了淘宝、1号店、京东三超格局和顺丰优选、天猫、沱沱工社、本来生活等一大批农产品电子商务网站群雄争霸的多强局面。产地+平台+消费、地方特色馆等创新模式不断涌现，网上销售与实体体验相结合的O2O模式成为创新亮点。县域农产品电子商务模式培育出20个各具特色的淘宝村，还有浙江的遂昌淘宝县。

2. 我国农产品电子商务交易规模快速上升

平台模式不断创新，一些网络宽带、冷链物流、配送等基础设施的加强，加快了农产品电子商务的发展。2013年，相当数量的省、自治区、直辖市农产品电子商务交易额同比增长超过100%。全国依托淘宝网、1号店、京东等第三方平台以及个体之间的电子商务平台，实现农产品网络零售的近700亿元。商务部与全国远程办合作，依托远程教育网络，通过网上信息对接服务，促成农副产品销售100多亿元。此外，生鲜农产品电子商务交易额在生鲜农产品交易总额的比例达到1%。其中，在淘宝、天猫平台上，生鲜相关类目同比增长194. 62%，支付宝交易额超过13亿元。

3. 我国农产品电子商务作用日益明显

作为新型的流通创新模式，农产品电子商务在促进流通，改造农业发展方式等方面发挥了重要作用。一是降低了流通成本，农产品电子商务使传统多级地方和零售等环节大幅减少，相应的交易场地、储藏、运输、人工、损耗等成本大幅降低，总成本可降低30%以上。二是缩短流通时间。农产品电子商务使得多种农产品货物的集散、包装、储存、运转等环节减少，流通时间可减少50%以上，保证了农产品的鲜活度。三是优化物流资源配置。农产品电子商务运用产地到消费者最优物流途径，最大限度节约了社会物流资源，物流成本最多可以降低30%。四是改善信息传递。农产品电子商务是在流通环节减少，信息产品及时准确，市场的环节效应被有效控制，使得卖方可以及时找到销售渠道，买方可以及时买到需要的农产品。通过电子商务平台的互联以及大数据分析等手段，还可以有效的引导农产品生产，促进订单农业的发展。五是对构建现代流通体系意义重大。电子商务模式使农民在农产品价格形成中，拥有更多的话语权，将有利于帮助农产品打破有形市场的供应格局，扩展全国乃至全球市场，对扩大农产品影响力和竞争力发挥积极作用。

我国农产品电子商务虽然取得了较大发展，但摆在我们面前的困难还不少，各种瓶颈和问题正在不断继续制约和困扰我们。如农产品生产经营产业化、标准化程度低，农产品物流配送成本高起不下，平台运营能力有待提高，农产品电子商务人才严重匮乏等等。推动农产品电子商务规范健康快速发展任重道远，党中央、国务院对农产品电子商务高度重视。2011年，中央一号文件明确提出了加强农产品电子商务平台建设的要求，汪洋副总理专门批示要统筹规划支持农产品电子商务发展，这是一个战略制高点，处理得好，可以让农产品的销售实现跨越式发展。作为电子商务应用的主管部门，商务部积极推动和促进农产品电子商务发展。目前中央农村工作领导小组办公室开展了联合调研，正在对农产品电子商务相关问题积极进行研究，力争从国家层面研究出台支持和促进农产品电子商务健康发展的政策措施。

三、农产品电子商务的作用

电子商务所具有的开放性、全球性、低成本、高效率的特点，使其大大超越了作为一种新的贸易形式所具有的价值。它一方面破除了时空的壁垒，另一方面又提供了丰富的信息资源，不仅会改变生产个体的生产、经营、管理活动，而且为各种社会经济要素的重新组合提供了更多的可能，这些将影响到一个产业的经济布局和结构。

所谓农产品电子商务，就是在农产品生产销售管理等环节全面导入电子商务系统，利用信息技术，进行供求、价格等信息的发布与收集，并以网络为媒介，依托农产品生产基地与物流配送系统，使农产品交易与货币支付迅捷安全地得以实现。我国虽为粮食主产区，但由于经济欠发达，产业信息化发展相对滞后。因此我国农产品发展电子商务不仅有其必要性、紧迫性，其产生的效益还有着巨大的潜力可挖。

1. 电子商务可以使落后地区的粗放经济更为集约化

电子商务以新生产力为基础，可从生产方式上高度解决从粗放到集约转变的问题。通过网络构建的各种商务平台所开展的电子商务把人与人，企业和企业，人和企业之间紧紧地联系起来，而这些平台本身通过相关的信息也得到丰富和加强。随着时间的推移，便会使企业产生大规模的集中在这里有两个因素导致下面这个结果，一是利润的动力驱使许多客户关系型行业在互联网上出现；二是上升的利润往往会产生集约化程度很高的企业。

2. 电子商务可以使经济粗放地区的交易费用更为节约

电子商务的主要卖点，就是减少中间环节而降低交易成本：

电子商务具有互联网低成本这样的技术特征，它使经济过程的中间成本耗费不会随社会化程度提高而相应提高，反而使交易范围在地域上越大，成本相对越低。农产品正是信息化水平偏低、交易费用偏高的行业，发展农产品电子商务恰恰蕴藏着很大的商机。尽管我国的经济发展相比西方发达国家还比较落后，但发展电子商务的潜力还是巨大的。因此，通过恰当的方式来发展我国的农产品电子商务，显然尤为必要，并由此实现农产品经济的跨越式发展也是可以预期的。

3. 传统农产品突破生产的时空限制的需要

农产品的产销过程环节多、复杂且透明度不高，其交易市场集中度较低，买卖主体众多，交易信息的对称性较差。而电子商务跨越时空限制的特性，使得交易活动可以在任何时间、任何地点进行，非常适合这些分散的买卖主体从网络上获取信息并进行交易。尤其对我国交通不畅、信息闭塞西部落后地区意义更为重大。我国农产品的落后，一个重要原因是地域辽阔，地形地质条件又不利于交通，因而消息闭塞，信息不灵，这就造成了产销脱节及资源产品无法输出，而商品只有卖出去才能得到社会承认，其价值才能得到实现在农产品生产中导入电子商务，充分发挥其所具有的开放性和全球性的特点，打破传统生产活动的地域局限，使农产品生产成为一种全球性活动，每一个网民都可以成为目标顾客，不仅扩大农产品市场空间，解决生产中出现的增产不增收问题，还能为农民创造更多的贸易机会。

4. 创新交易方式，规避农产品价格波动风险的需要

众所周知，农产品是一种供给弹性较大而需求弹性较小的商品，并且农产品的生产都需要一定的生产周期，一旦确定了本期农产品的生产规模，在生产过程完成之前一般不能中途改变。因此，市价的变动只能影响到下一个生产周期的产量，而本期的产量只会决定本期的价格，这就是经济学中蛛网理论描

述的状态。根据这一理论，当商品供给弹性大于需求弹性时，产品价格会处于一种越来越不稳定的状态，价格和产量的波动会越来越大。农产品生产的稳定直接关系到社会的稳定，为了保持这种稳定，除了采取必要的政策措施以外，应该开展农产品电子商务，让农产品的生产者能够以一种新的途径及时地了解生产信息，根据市场合理地组织生产，避免产量和价格的巨大波动带来的不稳定。

另外，我国作为蔗糖、水果等一批农副产品的主产区，在加入世贸组织后，面临着严峻的挑战。我国借助于农产品电子商务的广泛开展，有助于农户使用更高级的手段来减小国际市场的冲击，从而更好地对抗农产品价格波动的风险，例如，运用农产品的期货交易。国外一些发达国家，如美国、日本的农场主都参与期货市场的交易，通过期货市场的套期保值和价格发现两大功能保护其利益，其中套期保值可用来规避农产品价格波动的风险，并从期货市场中获得具有权威性和预期性的农产品期货价格信息，这将对农产品产销影响巨大。但从目前情况看，由于我国人多地少的现状，农民尚未具备直接进行相关的期货或远期合同交易的条件。但是在今后市场风险加大的背景下，面对激烈的国际市场竞争，他们对规避农产品价格风险的需求是真实的，如果建立起相关农产品集中的网上交易市场，则可以及时发布汇集相关产品价格信息，从而给农产品的产销决策提供参考；若能以网络电子交易为纽带，把分散的套期保值需求集中起来入市操作，也不失为规避农产品价格波动的风险，稳定产销的一个好办法。

第二节　农产品电子商务发展

一、农产品电子商务的产生和发展

1. 电子商务的产生条件

电子商务最早产生于20世纪60年代，发展于90年代，其产生和发展的重要条件主要如下：一是计算机的广泛应用。近30年来，计算机的处理速度越来越快，处理能力越来越强，价格越来越低，应用越来越广泛，这为电子商务的应用提供了基础。二是网络的普及和成熟。由于互联网逐渐成为全球通信与交易的媒体，全球上网用户呈级数增长趋势，快捷、安全、低成本的特点为电子商务的发展提供了应用条件。三是信用卡的普及应用。信用卡以其方便、快捷、安全等优点而成为人们消费支付的重要手段，并由此形成了完善的全球性信用卡计算机网络支付与结算系统，使得“一卡在手，走遍全球”成为可能，同时也为电子商务中的网上支付提供了重要的手段。四是电子安全协议的制定。1997年5月31日，由美国VISA和Mastercard国际组织等联合制定的SET（Secure Electronic Transfer Protocol）即电子安全交易协议的出台，该协议得到大多数厂商的认可和支持，为在开发网络上的电子商务提供了一个关键的安全环境。五是政府的支持与推动。自1997年欧盟发布了欧洲电子商务协议，美国随后发布“全球电子商务纲要”以后，电子商务受到世界各国政府的重视，许多国家的政府开始尝试“网上采购”，这为电子商务的发展提供了有力的支持。

2. 农村电子商务的产生条件

我国的国家信息基础设施建设发展迅速，基本完成框架结构，为我国农产品电子商务提供了良好的基础。中国电信已建成开通了覆盖全国的数据通信网络。其中，中国公用分组交换数据网早在 1993 年建成开通，是中国电信最早建成的数据通信网络，网络规模目前已经覆盖到 2 200多个城市，并与世界上 23 个国家和地区的 44 个数据网互联。中国公用数字数据网早在 1994 年开通，目前，骨干网已经通达所有省会城市，覆盖到 2 000个县以上城市和 2 000多个经济发达地区的乡镇。中国公用计算机互联网目前已经由 20 多个省市的接入网建成，网络节点遍布全国 200 多个城市，并与美国等 5 个国家的 12 个运营商由直达路由连接。中国公用宽带网目前已覆盖全国所有省会城市，20 个省的省内宽带网已经基本建成。

3. 农产品电子商务发展过程中的问题

（1）农业信息化基础设施薄弱、体系不健全和服务信息的不通畅。在我国，城镇的互联网普及率远远高于农村，农村网民除了从事农业管理和技术与规范化水平比较低，同时农业信息的收集、发布的格局虽然初步形成，但是农业信息的加工、分析、利用及农业信息渠道的开通、农业信息市场的培育等发展缓慢，特别是农业信息服务市场、农产品存储和运输乃至包装市场等，尚未开发或形成，农业信息化体系上不健全。农业信息服务不够全面、完善，缺乏针对性。农村经济不发达，信息化基础设施薄弱，导致农民对信息技术和电子商务的相关知识了解甚少，从而严重阻碍着农业电子商务的发展。

（2）农业受自然条件影响大，标准化体系不健全，缺乏产品标准化。农产品因受自然条件的影响，农用品的需求具有很大的不可预知性。农产品的生产区域和生产者都相对分散，农产品的附加值较低，不耐久存，品种繁多，因而农产品不能集中大量保持，且不能统一加工、销售，导致标准化程度较低，这些因素极大地阻碍着农产品生产产业化和流通现代化，使得农村电子商务的发展不能顺利进行。农产品电子商务要求网上交易的农产品品质分级标准化、包装规格化以及产品编码化，为交易各方提供便利。我国的农业标准化体系由国家标准、行业标准、地方标准和企业标准构成，质量标准体系没有完全建立与国际农产品质量体系脱节。

（3）缺乏高素质的农产品电子商务人才。农业的发展需要农业网络化人才。但是我国农业发展中的实际操作技术人员严重缺乏，科研人员大多数都集中在学府。在我国，因为大多数的农业人才只是从事教学和科研工作，所以农村电子商务的发展缺乏领导者和指挥者，这严重的影响农村电子商务的发展。而农产品电子商务网站的建设和维护，信息采集和发布，市场行情分析和反馈，都需要专门的人才。农业信息网络的建设需要一大批不仅精通网络技术，而且熟悉农业经济运行规律的专业人才，能为农产品经销商提供及时、准确的农产品信息，对网络信息进行收集、整理，分析市场形式，回复网络用户的电子邮件，解答疑问等。

（4）交易主体电子商务观念滞后。交易主体包括农民、中介机构、农产品经营者和农业企业，其对电子商务的认知直接关系到农产品电子商务的迅速发展。农民文化素质普遍偏低，对计算机网络缺乏基本认识，认为产品卖出去就行；许多涉农企业还没有充分认识到电子商务的巨大商机，认为投资风险大、周期长，维护困难，大都持观望和怀疑态度。

（5）纯农业网站较少，利用率较低，缺乏宏观指导性的农业信息。涉农网站中纯农业网站较少，利用率较低，未能形成农业信息服务体系。各类农业网站只管反映的农业信息多，有关分析、生产决策的信息较少，严重缺乏宏观指导性的农业信息，而且大多数网站内容相同，没有特色，缺乏专业性和实用性，且分布不均，因此网站不能因地制宜地为更多地区的农民提供全面的、周到的、符合实际需要的服务。要发挥农业电子商务的巨大潜力，一定要建立一个高效的规范的信息数据库系统，建立规范的农业网站。

(6) 农产品物流配送体系不健全。建设现代物流配送体系，是农业电子商务发展的关键环节。目前农产品电子商务真正实现现代化物流配送的很少，物流配送需要高质量的保鲜设备，一定规模的运输设备和人力，需要大量投资。农产品电子商务很多是以批发市场为基础发展起来的，亟待建设现代的物流配送体系。

4. 农产品电子商务发展过程中出现问题的解决办法

(1) 统筹规划设计，有序推进发展。以促进农产品实体交易和电子商务有机融合为方向，通过零售带动批发、高端带动低端、城市带动农村、东部带动西部，加快开展农产品电子商务示范培育工作，力争在重点地区、重点品种和重点环节率先突破。

(2) 完善制度，规范发展秩序。加快电子商务法律法规建设，规范信息发布、网上交易、信用服务、电子支付、物流配送和纠纷处理等服务，依法打击商业欺诈、销售假冒伪劣商品、发布虚假违法广告和不正当竞争等活动，抓紧制定继续的农产品标准。

(3) 加强配套支撑，优化发展环境。鼓励发展专业化、规模化的第三方物流，重点支持发展农产品冷链物流。落实各项支持物流企业发展的税费政策，完善农产品绿色通道政策，促进支付、信用、金融、保险、检测、认证、统计和人才培育等服务协同发展。

(4) 线上线下结合，突破关键约束。发展县域服务驱动型、特色品牌营销型等多元化的农产品电子商务模式。鼓励农产品流通企业，依托实体经营网络探索开展农产品电子商务，充分利用传统的销售渠道，通过实体经营场所体验、考察与网上下单、支付相结合，解决交易主体之间的信任低、标准不统一等问题。

(5) 开展农村商务信息服务。充分发挥全国农产品商务信息公共服务平台在常态化购销对接中的作用，通过与大型连锁超市、批发市场及电子商务企业合作，更好地促进农产品流通，切实缓解“卖难”问题。

【案例1】

富军卖米

2013年12月1日，上海国际马拉松现场一只“愤怒的小鸟”吸引了众多眼球，这只“小鸟”的真身是在微信上卖粟米卖火了的富军。富军在2013年和老婆开玩笑说要卖米，之后开始向微信好友赠送大米，为他的大米营销创造基础口碑。

任何微信营销，都需要两个基础条件，一个是足够多的好友数量，另一个则是与微信好友之间拥有较为紧密的关系。富军通过各种活动，增加自己的微信好友，为了与这些好友保持紧密关系，富军平均每周在朋友圈更新6条消息，并策划过一次效果不错的线下活动。

尽管没策划过品牌营销，但富军很了解互联网的属性，一次事件营销会带来爆炸式的效应，于是背着米袋子、贴满二维码的“愤怒小鸟”在上海马拉松上闪亮登场了。

富军粟米的微信营销是成功的，到2013年11月底，他统计全年订户200个，销售大米200万，而这些，都源自于他的微信好友。

【案例2】

“水果哥”许熠的微信水果店

许熠是石家庄经济学院（石经院）的一名大学生，过去3个月里，他和他的微信水果店“优鲜果妮”在石经院火了一把。作为一名大学生，许熠的创业灵感来源于为女友送早餐的偶然经历。石经院共有学生1.7万名，其中女生6 000多名。许熠调查后发现，女生几乎每天都要吃水果，如果按每个女生一个月50元消费来估算，微信卖水果大有赚头。

开业之初，许熠的“优鲜果妮”生意并不好做，常常等上一天才有一笔几元的订单。正如上面提到的，微信营销的基本条件之一是有足够多的好友，许熠和他的同学采用“扫楼”的方式来增加好友，将印制的市场宣传单、广告册发到学校的教学楼、食堂、宿舍楼；利用课间10分钟在各个教室播放“优鲜果妮”宣传短片……三个月时间的“扫楼”，优鲜果妮关注人数达到4 920个，这些用户多为许熠的同学，针对这点，许熠经常推出个性产品，各类水果组成的“考研套餐”“情侣套餐”“土豪套餐”频频吸引同学眼球，此外，许熠的公众平台还会不时推送天气预报或失物招领信息来吸引粉丝。到目前为止，“水果哥”已经实现了4万/月的收入。

【案例3】

遂昌模式

遂昌县不大，五万人口的县城却聚集了几千家网店。在2013年初，淘宝网全国首个县级馆“特色中国——遂昌馆”开馆。2013年10月，阿里研究中心、社科院发布“遂昌模式”，被认为是中国首个以服务平台为驱动的农产品电子商务模式。

2013年阿里平台上经营农产品的卖家数量为39.40万个。其中淘宝网（含天猫）卖家为37.79万个，B2B平台上商户约为1.6万个。2013年阿里平台上的农产品销售继续保持快速增长，同比增长112.15%。1688平台同比增长了301.78%。生鲜相关类目保持了最快的增长率，同比增长194.58%，2013年农产品的包裹数量达到1.26亿件，增长106.16%。

农业电商已呈燎原之势，更上一个台阶。新农人群体崛起，合作社踊跃淘宝开店，农产品电商网站风起云涌，多类农产品在网络热销。与此同时，涉农电商服务商蓬勃发展。

农产品网络销售有了更多的尝试和创新，在浙江涌现出了“服务驱动型的县域电子商务发展模式——遂昌模式”，而它的核心正是县域农产品电子商务的发展。就遂昌模式来看，涉农的现象应该越来越明显。遂昌模式主要是体现了两大块：一是以“协会+公司”的“地方性农产品公共服务平台”，以“农产品电子商务服务商”的定位探索解决农村（农户、合作社、农企）对接市场的问题。二是推出“赶街——新农村电子商务服务站”，以定点定人的方式，实现在农村实现电子商务代购、生活、农产品售卖，基层品质监督执行等功能，让信息化农村更深入的对接与运用。

就遂昌模式我们可以得到一些启示：①做农产品电商并不是农民开网店，专业的人需要做专业的事情，一村一店不现实，那都是不了解农村的人提出的，如今，一村一店一品的模式是可以实现的。②物流难题并不是需要自建物流，生鲜电商的运输目前是靠泡沫箱的，这也是目前的权宜之计。如何进行瓦解，需要做电商的人与社区合作，把后端交给他们。

二、农产品电子商务发展特点

从我国农产品电子商务的实践看，农产品电子商务业务呈现三个层次的特点。一是初级层次。主要是为农产品交易提供网络信息服务。如一些企业建设的农产品网上黄页，在网络平台上发布企业信息和产品信息。大型农业集团建立的超大现代农业网。小企业或是个体农户则依托各类农产品信息网发布信息。二是中级层次。一些网站不仅提供农产品的供求信息，还提供了网上竞标、网上竞拍、委托买卖等在线交易形式，交易会员可以直接在网上与自己需要的运输公司洽谈，但尚未实现交易自己的网上支付。资金的支付还是依靠传统的邮局或银行实现。三是高级层次。高级层次的农产品电子商务不仅实现农产品电子商情的网上发布和农产品在线交易，还实现了交易货款的网上支付，是完全意义上的额电子商务。

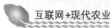

三、农产品电子商务的发展趋势

农产品电子商务呈现出四个发展趋势：个性化趋势、专业化趋势、区域化趋势以及移动化趋势。

中国农产品电子商务有良好的发展前景。第一，有利的外部宏观环境。国家对“三农”问题的重视，国家各部委对信息化和电子商务的重视和支持：国家发改委农产品批发市场信息化、农业部对农业信息化重视和积极扶持政策；经济全球化的外力推动。第二，农产品市场的自我创新需求驱动。产业发展的基础是生产，但市场和流通是决定产业发展的关键环节。农产品流通不畅已经成为阻碍农业和农村经济健康发展、影响农民增收乃至农村稳定的重要因素之一。农产品的卖难及农产品的结构性、季节性、区域性过剩，从流通环节看，主要存在两个问题：①信息不灵通，盲目跟风。市场信息的形成机制和信息传播手段落后使农户缺少市场信息的指导。②农产品交易手段单一，交易市场管理不规范。现在传统的方式主要是一对一的现货交易，现代化的大宗农产品交易市场不普及，期货交易、远期合约交易形式更少。

互联网技术的应用，给我国的农产品流通注入了新的生机和活力。从传统模式下的农产品手对手交易到通过对各种资源的整合，利用先进、便捷的技术搭建农业信息应用平台，在网络上实施农产品的交易，对改善我国的农业价值链和提高农业竞争力有着极大的促进作用。但农产品电子商务绝不是传统流通方式的简单替代，它是对传统农业经济的革命性变革。第一，农产品从生产到最终走向市场，其特点制约着流通的速度，网上市场的建立对农产品标准化提出了亟待规范的要求，这势必引导农产品品牌的提升和核心竞争力的提高；第二，网上交易更加公开、公平、透明，农产品成交价格真实地反映了市场中的供求关系，以此引导各级主管政府和广大农户科学安排生产，以销订产；第三，网上交易平台的建立是原有的传统农产品交易市场的延伸，使交易主体多元化，也为商家提供了更为广阔的商机。

第三节 农产品电子商务支撑体系

一、农产品电子商务质量控制体系

电子商务这一新型的农产品贸易方式，对促进农产品销售，确保农民受益，解决农产品“买难卖难”问题，提供了良好的途径。随着人们生活水平的提高，对质量安全的关注程度越来越高，质量安全是农产品电子商务的关键问题。相对于传统的农产品贸易方式，电子商务模式下的农产品质量安全监管环节应前移，从生产源头保证农产品质量安全，才能确保电子商务模式下农产品质量安全。电子商务对农产品质量安全标准的需求包括以下几个方面。

1. 电子商务对农产品安全标准与监管的需求

《中华人民共和国食品安全法》颁布后，我国对食品安全标准进行了整合，在传统的农产品销售模式下，消费者可以从政府监管的市场购买相对安全的农产品，但在电子商务模式下，缺少监管环节，产地认证这类行政系统外的认可对农产品质量安全的保证作用显得格外重要。《中华人民共和国食品安全法》及其实施条例以及《食品安全国家标准管理办法》等有关规定也已经重视了技术机构、协会、认证机构等非行政部门的作用，体现了公民、法人和其他组织的参与权。在电子商务模式下，非行政机构对农产品安全的作用会更加突出。因此，对于电子商务农产品的安全标准和监管，在构筑了完善的食品安全标准后，应建立标准化的程序确保非行政机构对农产品认证认可的合理性与科学性。

2. 电子商务对农产品等级规格标准的需求

电子商务要求网上交易的农产品品质分级标准化、包装规格化以及产品编码化，要求农产品具有一定的品牌。目前有些网站对农产品的标准化已作了一些尝试，按照农产品类别进行分类，发布相应标准描述并按照标准收购。但大部分农产品生产经营模式较为粗放，多为非标准化的经验性产品，消费者必须在使用之后才能对该商品作出客观评价，而且农产品种类繁多，反映产品品质指标的复杂多样性，给农产品标准化带来很大的难度。我国农产品种类丰富，地域差异大，近年来农业行业标准和地方标准制定了大批产品和等级规格标准。农产品等级规格标准是引导农业生产、规范市场流通的重要手段，能进一步推进产销衔接，发挥流通对生产的引导作用。但在电子商务中，现有的等级规格标准难以将农产品的性状简单描述，很多商家更倾向于直接用自有产品的图片描述产品的规格特点。同时在网络成功销售的农产品多为地方特色产品，由于品质好或者其独特性受到消费者青睐，缺少相关的产品及等级规格的农业行业标准或地方标准。目前农业行业标准也将一般性的产品标准、等级规格类标准列入清理的范畴，今后不予以重点制定。企业标准是我国标准体系的重要组成部分，对于产品品质和等级规格标准难以整齐划一的情况下，采用企业标准进行规范更加合理。在电子商务模式下，应充分发挥企业标准对农产品质量安全管理的规范作用。

3. 电子商务对农产品地域性特色产品标准的需求

电子商务模式下，地域性特色产品由于其独特的品质和风味，销售比较成功。我国地域广阔，生产了杭州龙井茶、新疆哈密瓜、常山胡柚、宁夏枸杞等特色农产品，我国目前地理标志产品已有 441 项。地理标志产品标准的颁布实施推动了我国农产品的品牌化建设，在网络宣传中容易获得消费者的信赖认可。浙江省针对农产品生产气候资源，实施了农产品气候品质认证，目前已经相继完成茶叶、杨梅、葡萄、柑橘、梨、水稻等8类49个批次农产品气候品质认证，对提高农产品的市场竞争力和产品附加值起到了推动作用。地理标志产品和气候品质认证都是对农产品品牌的推动。地域性特色农产品在地方政府和有关管理部门的推动宣传下，对促进产品销售、提高农民收入有良好的促进作用。在电子商务模式下，该类标准与认证结合，将促进农产品品质安全的提高。

4. 电子商务对农产品生产技术规范的需求

我国农产品生产以前多以粗放经营为主，生产过程中滥用农药、化肥，不合理的种植方式对农产品质量安全构成威胁，也对生态环境产生破坏。安全的农产品源于生产过程的良好管理，借鉴发达国家经验，我国通过实施农业标准化示范区建设，实施全过程标准化生产，加快传统农业转型升级和提高了农产品质量安全水平。在电子商务模式下，需要政府对农产品的质量安全监管前移，最关键的是确保生产基地的产品安全。通过无公害、绿色或有机认证的农产品，在质量安全上有保障，较容易得到消费者信任。2003年以来，我国参照国际标准，发展了良好农业规范（GAP）认证工作，以国际相关GAP标准为基础，遵循联合国粮农组织（FAO）确定的基本原则，在中药材、蔬菜、茶叶、畜禽和水产养殖等领域开展GAP认证，并制定实施相关标准。现已制定、发布了24项GAP国家标准，内容涵盖种植、畜禽养殖和水产养殖，发布了《良好农业规范认证实施规则》，建立了我国良好农业规范认证制度。我国国家标准、农业行业标准和地方标准也将良好农业规范类标准作为重点制定的一类标准，在电子商务模式下，这类标准应作为认证认可的基础，从生产源头确保农产品质量安全。

5. 电子商务对农产品物流标准的需求

物流是农产品电子商务的重要环节，对农产品质量安全有重要影响，特别是生鲜类产品。电子商务要求物流快速、标准，或者通过冷链运输，能够控制一定的运输条件保证产品的外观、品质、微生物在标准范围内。其中生鲜类产品的电子商务对物流标准要求最高，淘宝网、京东、苏宁、顺丰等目前着力开发生鲜产品电子商务。物流标准包括收购标准、仓储标准、运输过程控制标准、配送标准。物流是衔接电子商务模式下农产品供应商与消费者的中间环节，物流标准化的提高也依赖于生产标准化程度的提高。

6. 电子商务对农产品溯源的需求

农产品溯源是确保质量安全的有效工具，电子商务是在陌生的供应商和消费者之间进行的交易，更有必要通过溯源确保质量安全。相对于传统农产品销售，电子商务交易环节少，溯源技术的实现应相对容易。目前在国家有关部门推动下，已经在牛肉、蔬菜、水果、水产品等方面开展实施溯源系统，通过条码、无线射频技术的应用，建立了可追溯系统生产基地。溯源系统的实现以信息技术为依托，电子商务本身就是在信息技术基础上发展起来的，因此有实施溯源的基础。

二、农产品电子商务物流体系

所谓农产品电子商务就是指借助互联网的实时交流和连接功能实现农产品的生产、营销、流通一体化功能。在这种模式下，无论是买家还是卖家都能在网络中查找到自己所需要的原材料、产品需求等信息。同时还能进行产品的展示、订购等事项。但是农产品的电子商务对物流配送体系的要求更高，及时、快捷的要求在这一体系的落实和完善中将发挥更加重要的作用。

1. 国外农产品电子商务发展模式概述

随着现代农业在世界范围内的蓬勃发展，农产品电子商务也经历了不断成长壮大的发展过程，由最初的依靠电话为工具的初级电子商务发展成为依靠计算机技术和互联技术的更加高效的电子商务模式。以美国、英国、日本等发达国家为代表的农业发达国家在农产品电子商务模式的建立和发展中积累了先进的经验。

(1) 美国农产品电子商务模式。美国是世界上公认的农业发达国家，而且在现代信息技术的发展方面也具有领先的技术水平。美国较早开展了农产品电子商务，在这方面具有领先优势。美国有着十分发达的信息技术，同时信息技术在农产品交易中的应用也比较充分。在这种先进的信息交流技术手段的帮助下，美国农产品电子商务发展获得了强大的动力。

(2) 英国农产品电子商务发展状况。英国作为欧洲经济强国，在农业发展方面也一直致力于新技术和新模式的研究和应用上，在农产品电子商务方面也成就斐然。世界上第一个农产品电子市场就是英国与 1966 年建立的“农场在线”(Farming Online)。2000 年英国又建立了功能更加完善、模式更加先进的现代化农产品电子商务网站（Farmer's Market)。根据英国环境食品和农村事务部公布的数据显示，2012 年英国 86%的农户已经加入了 Farmer's Market，在这里他们不仅可以出售自己的农产品，而且还可以采购生产所需的各种农业生产资料。2012 年，英国 98%的大农场已经接入因特网。这些基础设施的建设对英国农业电子商务的发展起到了非常积极有效的作用。

2. 我国农产品电子商务物流配送体系现状

(1) 农民对电子商务的认知程度不高成为制约农产品电子商务实现的一项重大不利因素。随着信息时代的到来，网络在我国社会不同领域中的影响力越来越大。据统计，2012 年我国农村网民规模已经突破 1.4 亿人，但是这一人群在全国网民中的占比仅为27.3%。这种现状也制约了农村网民对电子商务的接触机会和认知程度，因此农产品的电子商务推行起来也面临很大的阻力。

(2) 农产品电子商务网站建设水平不高。近几年来我国政府一直致力于推动农业信息化建设，一部分涉及农产品电子商务的专业网站纷纷建立，在促进农产品流通方面发挥着重要的作用。但是这些网站没有形成一定规模，信息质量不能有效地满足农产品生产和销售的要求。而且信息资源的分布也不平衡，经济发达地区信息过剩，一些偏远农村地区信息封闭，二者之间缺少信息交流的基础和机会。没有能够利用的、信息比较完善的网站，有的网站没有被真正的利用起来，这些网站的主要定位是为本地农业做宣传而不是搜集、整理发布一些实用的农产品信息。

三、农产品电子商务交易支付体系

随着我国经济飞速发展，城乡统筹，工业经济开始带动农业产业化发展，使农村经济进入了新的发展阶段，农产品也从单一的粮食生产开始向多样化的农产品方向发展。而农村流通现代化作为农村建设的一个组成部分，是促进我国农村现代化建设、促进城乡一体化建设和提高农民生活水平的重要途径。农产品批发市场是农产品流通网络体系的核心。农产品批发市场是“小生产、大市场”的客观要求，发挥着集散商品、形成价格、传递信息、调节供求和提供服务的功能。纵观国内外农业发展的历程，农产品批发市场对稳定农业生产和提高农产品流通效率做出了巨大的贡献。但是，作为农业产业化发展中重要的一环，农产品批发市场的发展还不尽如人意，还存在着盲目建设、重销地而轻产地、市场管理不完善、交易规模小且落后、信息网络利用效率低等问题。应该说，发展电子商务，提高农产品批发交易的信息化利用水平，建立农产品电子商务交易支付体系，可以极大地提高农产品交易的规模与质量，减小农产品交易过程中的流通损失。

1. 国内外农产品交易模式

（1）我国农产品交易模式。我国农产品市场的规模参差不齐，即使在一个市场内也会存在多种交易模式，在交易过程中，市场的参与主体包括：农民（包含农业生产联合组织）、批发商（从小商贩一直到大批发交易商，等级差距比较大）、小消费者、大型采购者。

主要交易活动包括：农民（包含农业生产联合组织）与小消费者之间的交易；农民与各级批发商之间的交易；农民与大型采购者之间的交易；批发商与小消费者之间的交易；批发商与大型采购者之间的交易。不同交易主体间的竞争谈判能力不同，在交易中占优势的是批发商，而农民是比较弱的交易参与者（现实中我国的农业生产联合组织较少）。现在农产品价格主要通过讨价还价来形成。交易者之间没有站在一个平等的竞争平台上就行交易，农民在市场的交易中没有收益，同时也使我国的农产品市场效率较低。

（2）国外农产品批发市场交易模式。国外经济发达国家的农产品市场的交易模式与国内农产品市场具有较大的不同，其中有两个代表性模式：一种是以美国为代表，交易模式为从农户开始到消费者的产销一体的全流通制度，体现了一种规模化效益；另一种则以日本为代表，其农产品市场交易模式的主要特点是引入了拍卖制度，这是一种精细的交易定价模式。

美国式的农产品直销。所谓农产品直销，就是由农民或农民团体，将生产的农产品包装处理后，直接运送供应消费地零售业者（超级市场）或连锁零售业包装配送中心和消费大户。由于减少了不必要的中间环节，降低了运销价差，使生产者和消费者都得到利益。这种直销模式是与美国的经济发展水平相适应的。农产品生产规模增大，零售单位的规模也随之增大，尤其是零售商店形成连锁经营或超级市场连锁店网络的发展，在一定程度上解决了小生产与大流通的矛盾。与此同时，交通条件的进一步改善，通讯手段达到较高水平，保鲜技术的进步和分级的标准化，也为农产品直销的发展创造了条件。

日本式的农产品批发市场拍卖。由于日本人多地少，人地关系相对紧张，其农业生产只能建立在小规模经营的基础上，因此，日本农业生产小规模与大流通的矛盾始终难以解决。日本农产品市场向拍卖市场的方向发展，走出了一条节约交易时间和费用的高效农产品市场发展之路。拍卖制度体现了公开、公正、公平的原则，有利于市场价格的形成。目前日本绝大多数农产品市场都是采用这一制度，而且各农产品市场都由计算机和特定的通讯线路联网。经由此网络，交易者可以看到全国各拍卖市场的行情，并可以购买其他市场上的产品，形成了全国统一的大市场，进一步节约了交易时间和交易费用。

(3) 国内外农产品市场交易模式对比分析。根据我国农产品市场的交易模式现状与以美国和日本为代表的发达国家农产品市场交易模式相对比，可以发现，我国农产品市场主体组织化程度低，业务经营存在盲目性。目前农产品市场的经营主体绝大多数是分散的农民和城镇居民，他们经营规模小，经济实力弱，缺乏专门的经营知识，且绝大部分不具备法人资格。在业务经营上存在着严重的自发性和盲目性。一方面，他们在市场交易经营中往往处于不利地位，对风险的承担能力有限；另一方面，受利益的驱使，短斤少两，以次充好甚至假冒伪劣的行为和事件时有发生，严重影响消费者的利益。

我国绝大部分农产品市场交易以现货、现金交易为主，批零兼营相对比较普遍。现有的农产品市场大多是实物交易，产品全部堆放在市场，买主在验货基础上讨价还价，现金收付完成结算。以现货为主进行交易得到的交易信息对调节商品流量、平衡区域供需矛盾有较大作用，但因交易对象已经是成品，因此交易信息对商品生产指导意义并不大。我国农产品市场交易类型比较复杂，交易参与者众多，使得市场监管的难度增加。我国缺乏成规模的农业生产联合组织，农民缺乏竞价交易的信息和能力。农产品市场的提供方应该在组织商品流通方面提供较好的服务，不但要为买卖双方提供好的交易场所，而且还应该为买卖双方提供相关的服务设施和服务项目。

为了改变我国农产品批发市场存在的不足，必须设计能够解决上述问题的有针对性的电子商务系统，才能繁荣我国农产品市场的发展。

2. 农产品电子交易平台

近年来随着农业产业化的发展，优质农产品需要寻求更广阔的市场。传统的农产品销售方式难以在消费者心中建立起安全信誉，也难以保证生态农业基地生产的优质农产品的价值，很多特色农产品局限在产地，无法进入大市场、大流通，致使生产与销售脱节，消费引导生产的功能不能实现，农业结构调整，农民增收困难重重。基于此现状，时力科技搭建农产品电子商务交易平台，不仅引领了我国传统农业向“信息化”“标准化”“品牌化”的现代农业转变，并且还将促进特色农产品走向“高端”发展路。

农产品电子商务交易平台特点如下，一是平台实现统一为客户提供信息、质检、交易、结算、运输等全程电子商务服务；二是支持网上挂牌、网上洽谈、竞价等交易模式，涵盖交易系统、收缴系统、仓储物流系统和物资银行系统等；三是融合物流配送服务、物流交易服务、信息服务、融资担保类金融服务等于一体。平台系统将实现基础业务、运营业务、平台管理和运营支持等四个层面的业务功能；四是实现各层级会员管理、供应商商品发布、承销商在线下单交易、订单结算、交易管理、担保授信等全程电子商务管理。为了支持平台业务向农产品产业链两端延伸，满足开展订单农业、跨国电子交易及跨国贸易融资等业务的发展需求，平台支持多种交易管理流程共存，支持标准及可灵活拓展商品，具备交易规则灵活性、结算多样性，管理复杂性的特点；五是在配送和销售过程中，通过制定和实施符合现代物流要求的技术标准，对农产品在流通过程中的包装、搬运、库存等质量进行控制。形成“从田头到餐桌”的完整产业链，由市场有效需求带动农业产业化，提高农业生产区域化、专业化、规模化水平。

3. 农产品电子商务交易支付体系

农产品电子商务交易支付体系的设计思路，一是当农产品采用统一的电子商务平台进行交易支付时，必须使得参与各方能够在平等的基础上进行竞价交易，而不是像现在的弱者恒弱、强者恒强。二是在引入会员制的基础上，对于交易的农产品必须设立完善的检验检测标准，农产品在进入交易时已经确定了相应的等级和质量，这可以使交易者不必看到现货就能进行交易。三是交易支付模式包含现货交易和远期交易。远期交易便于农民根据需求和价格进行生产调整，同时也可以使批发商和需求者能够及时调整操作策略，以实现交易畅通。四是交易规则为买卖双方竞价交易。竞价交易能形成公开、公平、公正的价格，提高经营效率，节约交易成本和体现社会供求关系。五是完善农产品交易中的电子商务交易监管和配套物流服务等，这样可以为农产品交易的顺利进行提供保障。在做好相关的产品检验检测技术标准、政府的政策支持和市场监管的基础上，按照市场参与各方的实际需求和特点设计有利于市场发展的电子商务交易支付系统，才能真正促进我国农产品市场的发展。

四、农产品电子交易风险防范体系

农产品市场风险主要是指农产品在通过市场转化为商品的过程中，由于市场行情的变化、消费者需求转移、经济政策改变等不确定因素引起的实际收益与预期收益发生偏移。随着以市场为取向的流通体制改革进一步深化，农业生产在经受自然风险的同时，还要承受经济风险压力。如何有针对性地对农产品生产和经营进行的调节，减少农产品的市场风险，降低农民在农产品商品化过程中的损失，努力将农产品市场风险控制在一定范围内，保障农民的收益，已成为当前我国农业发展中一个亟待破解的重要问题。

1. 农产品市场风险的表现形式

一是市场价格不确定性风险。随着计划经济体制向社会主义市场经济体制的转轨，在市场经济下，农产品的价格变化主要受供求关系影响，由于农产品受自然灾害、意外事故、种植结构等多种因素的影响，这些因素都有可能造成农产品市场供求的波动，导致价格的不确定性，使农业生产面临着风险。二是市场需求多样多变性风险。随着现代人们生活水平的普遍提高，人们对农产品需求并不仅仅停留在追求数量的阶段，而转向数量与质量兼顾，并以质量为主的阶段。同时，人们对农产品的市场需求弹性不足。倘若农民不能依靠市场需求去组织生产，那么即使农业有较大幅度的增产，农民的收入仍不可能有很大的提高。农产品生产经营周期长，价格调节滞后，且需求弹性和收入弹性较小，如果农业生产者在经济行为指导下盲目以价格作为调整生产的准则，很容易形成卖难、买难周而复始的恶性循环，导致农产品市场价格骤升骤降，生产随之大起大落，使得农产品市场风险程度明显加深。三是市场预测偏差性风险。因为农民掌握信息的局限性，农民对市场的判断、预测经常出现失误、偏差而造成无法挽回的损失。造成这种结果，一方面因为市场需求的难以预测性，另一方面因为农民自身思想意识和知识水平有限，对市场信息的分析和把控能力有限，而且农户多居住在乡村和边远地区，交通不便、信息不灵，又缺乏传导信息的各种组织，从而容易做出错误的预测和判断。四是农业宏观政策变动风险。政府所做出的各种农业经济政策及其稳定性，都会给农业带来不少风险。

2. 农产品市场风险的成因分析

（1）农业自身弱质性的产业特征，带来了农产品市场风险。无论是传统农业，还是现代农业，都是一个经济再生产与自然再生产相交织的过程，这个本质特性决定了农业具有天生的弱质性。一是自然灾害可能对农业生产带来的损失是超出人们控制的；二是多数农产品是鲜活产品，难以长期保存，如果滞销积压就极易腐烂，给农业生产者损失。三是农产品生产具有季节性特征，生产周期长，其供给调整远远滞后于市场的变化，这种不对称使农产品供给对市场价格的反应有时滞，市场价格波动所造成的风险基本上由农业生产者承担。

（2）农产品市场存在着信息不对称，蛛网效应明显。农产品市场中，蛛网效应是指当供求决定价格，价格引导生产时，经济中就会出现一种周期性波动。然而，同一些发达国家相比，我国农产品市场的蛛网效应相对突出，其主要原因在于我国农产品市场信息不对称，缺乏有效信息，农民整体素质偏低，对市场的判断力较弱。目前，我国涉农信息网站有一万个左右，但却普遍存在着信息雷同、准确性不高、时效差的问题，尤其缺少对农产品市场有预测性、指导性的信息。同时，我国农民文化素质普遍较低，在市场中很难及时寻找和准确解读市场需求，很难根据市场需求的变化及时地进行生产结构的调整。

（3）小规模农业生产方式导致了农民缺少农产品定价话语权。我国农产品市场一直处于一种“小生产、大市场”的状态，分散的小规模生产方式，决定了我国农民对农产品市场价格缺少影响力，农民成为农产品市场风险的主要承担者。缺少农产品价格谈判的优势，在市场竞争中处于不利的地位，这种情况下，农产品市场价格的决定权集中在少数经销者手中，农民只是价格的被动接受者。

（4）农产品流通环节的专业化趋势加剧了农产品价格的波动。随着市场经济的不断发展，农产品流通环节的专业化，减少了农民自销产品的时间和成本，也在一定程度上解决了农民销售农产品难的问题，缩短了农产品流通周期。但是，这种传统的从产地批发到销地批发、再到零售的农产品流通渠道，存在着流通链条长、交易环节多、物流成本高的弊端。农产品流通领域的专业化发展趋势，将许多社会因素引入到农产品价格的形成体系当中，某个环节的某一项成本发生变化，都会通过这个流通链条最终传递到农产品价格上，从而造成农产品价格的形成存在着更多的不确定性因素，加剧农产品市场的风险性。

（5）加入 WTO 后的国际国内市场变化。随着农业市场开放程度的进一步提高，市场空间范围不断扩大，市场领域不断扩充，市场交易内容不断丰富和更新，农民很容易被动地分担由世界市场波动引发的风险。加入 WTO，除了机会我们还将面临更多的挑战，农业市场风险也会增加。

（6）农业生产周期长，价格调节滞后。农业生产周期长，生产决策与产品销售在时间上被分割，农产品受市场变动影响的供求变化往往需要一个过程。当农产品供不应求或供过于求时，潜在的供求均衡绝对先于市场上的供求均衡，而只要潜在的供求均衡先于市场上的供求均衡，就一定有供给大于需求或供给小于需求的可能。所以，只要生产调整需要一定时期，价格调节滞后性就无法消除。价格调节滞后是造成农业生产周期波动的根源，而价格风险也因此成为农业市场风险的“凝聚物”和“承载体”。

（7）农产品加工环节薄弱。在农产品集中上市时，容易发生供过于求的现象，这样大量的农产品就会出现积压，而像水果、肉类等农产品又不容易保存，由此产生的市场风险会给农民造成很大的损失。如果能够把更多农产品用于保鲜贮藏和加工转化，再根据市场需求均衡上市，不仅能扭转收获季节集中上市引发的卖难问题，而且还可增加水果的附加值，由此来减缓市场风险，增加农民收入。据统计，我国果蔬品由于贮藏、加工水平低，产后损耗一般达到25%～30%，高于发达国家5%的平均水平。

3. 农产品市场风险的防范对策

对农产品市场风险进行管理，在保证农业生产稳定，供给充足的情况下，还要运用适当手段对市场的风险源进行有效控制，以减少因农产品价格波动所引致的不确定性损失。根据目前我国农产品市场风险的特点，我国应建立政府、市场、企业、农民多元复合结构为主体的农产品市场风险管理模式。

（1）加强农产品市场信息服务，提高农民科学决策能力。针对我国农产品市场信息不完全与不对称的现实，政府部门作为信息的主要提供者，应强化对农民、企业和市场的信息服务。搞好现代信息的传播设施建设和利用，实现互联网络与传统信息传播载体的优势互补，充分利用中介组织的外延渠道，保障信息传播畅通。加强农产品信息体系建设，建立高效、灵敏、快速的信息系统，尤其要加强农产品市场供求与价格走势的分析预测，指导农产品生产经营者的经济活动，提高农民生产科学决策的水平和能力，减少因信息匮乏、信息偏差、信息传播不畅导致的农产品价格波动。搞好农产品市场信息发布制度建设，在制定信息发布规划和规范发布行为上发挥主导作用，确保发布的信息及时、准确、有效。通过高效的信息服务手段，尽可能在产前避免或减少农产品市场风险发生的可能性。

同时要搞好农业市场信息服务。政府部门作为主要的信息发布主体，应在制定信息发布规划、出台优惠政策、规范发布行为上发挥主导作用；要搞好现代信息传播设施的建设和利用，实现互联网络与其他信息传播媒体的优势互补，并利用中介组织及其他信息发布渠道，搞好面向农户、企业和市场的信息服务；政府应充分利用 WTO 有关规则，通过合理的制度安排和政策选择，增加对农村信息服务体系特别是信息发布等基础设施的投入。同时，鉴于农户购置微机等信息设施会给周围农户带来正的外部效应，建议政府对购置信息设施的农户进行适当补贴，对于信息发布项目应在立项、研发和推广等方面给予必要的资金补助。

(2) 加强农产品流通体系建设，降低流通环节成本。我国农产品从产地到餐桌流通环节过长过繁的情况，加大了农产品价格波动的几率，也加重了农产品市场风险的发生。加强农产品流通体系建设，建立现代农产品物流方式，减少不必要的流通环节，降低流通成本，可在一定程度上保持农产品市场价格的稳定。大力发展农产品物流配送企业，推动农产品超市的建设，采取从产地收购到市场零售一体化的营销模式。制定相关法律，加强企业信用体系的建设，规范配送企业和超市的营销行为。即要保证农产品质量的安全，又要做到让利于民，防止因流通环节不合理价格上涨而带来的市场风险的发生。加快农产品流通基础设施的建设，提高农产品运输能力，加强与销售商的合作，拓宽农产品销售市场。这样才能把农产品顺利地销售出去，农村中介组织在农产品市场中发挥着重要的作用，它是联系农民和市场的桥梁，及时把各种市场信息传递给农民，有利于农民作出正确的生产决策，农村中介组织可以帮助农民寻找农产品的销售出路，促进农产品的销售。

(3) 加强优势农产品区域布局建设，发展差异化产品。政府部门要根据各地农业特色和优势，开展科学规划和论证，在国家现有的《全国优势农产品区域布局规划（2008—2015）》基础上，进一步加强优势农产品区域布局的建设，大力发展品牌农业。强化设施农业的建设，在有条件的地方扩大设施温棚的建设规模，错开同类农产品的上市时间，延长农产品的上市周期。通过科学有序的调整农业生产结构，达到农产品的时间差异化、品种差异化、品质差异化、口味差异化、色泽差异化、外形差异化和包装差异化等，使产品更加丰富，以降低市场波动的风险程度。提高农产品质量，丰富农产品品种。一是目前人们注重食品的安全，也关注环境的保护，在这样的环境下，发展绿色农业是一个不错的选择，这样既能够满足人们的需求，又能保护自然环境。二是农产品的生产应当满足人们的需要，针对当前人们消费需求多样化的特点，应当努力丰富农产品的品种以满足需求。三是培育优良农作物品种，提高农作物抵抗恶劣自然灾害和病虫害的能力，这样可以减少自然灾害及病虫害带给农民的损失，培育出新品种以后还要积极地推动新品种的推广，加强农产品流通体系建设和发挥农村中介组织的作用。

（4）加强期货市场的建设，规避价格波动的风险。期货市场有一个集中交易、公平竞争、秩序化强、信息公开的价格形成机制，会员制的交易场所通过实施“三公”原则来形成即期、近期、远期价格，这些优势是现货市场所不具备的。因此，期货市场所形成的价格对各种价格因素反应极为灵敏，具有一定的权威性和预期性。同时，期货市场的套期保值功能将市场风险转嫁到投机者身上，确保了农民和企业的基本利益。因此，我国要大力发展农产品期货市场，提高期货市场在农产品市场上的地位和作用，增加交易品种，鼓励农业企业和农民进入期货市场，发挥期货和期权市场信息的统一性和超前性优势，充分利用其价格发现和套期保值功能，有效控制转移农产品价格风险，积极探索利用期货交易规避市场风险。期货市场的价格发现和回避风险功能，为相关产品的生产、流通、加工企业及广大农户发挥着独特的作用。期货交易和期货市场具有标准化、简单化、组织化和规范化等特点，能够有效规避市场风险。我国加入世贸组织已多年，农产品生产、流通和加工企业迫切需要期货市场为其提供服务。稳步发展期货市场可以加快我国市场与国际市场的接轨，有效的回避国际市场波动给我国企业带来的风险。

(5) 加强金融机构的服务意识，建立农产品市场风险补偿机制。农业产业面临着自然风险和市场风险的双重压力，国家的农业补贴政策在一定程度上缓解了农民生产风险的压力，但这并不是一种长效机制，国家还需充分发挥金融机构的职能，增强其服务“三农”的意识，利用金融工具建立一种能长期规避风险的农业保险机制。扩大农业保险的范围，在继续稳定和加强粮食、生猪、奶牛等生产保险力度的基础上，还需向水果、蔬菜、水产品等易遭受灾害损失的品种延伸。建立农产品市场风险基金，对从事农产品市场营销的企业，因遇到雪灾、暴雨、台风等突发事件而造成的损失，要给予风险补偿，以避免农产品市场价格突涨。政府对参与到农业风险保障体系当中的金融机构，从政策、资金等方面给予适当优惠，消除金融机构本身的风险隐患和忧虑，使他们能全力投入到农产品市场风险的管理中。

(6) 大力扶持农业产业化经营。农业产业化经营有利于增强农户的市场竞争力，减弱农业市场风险。发展农业产业化经营，主要是要扶持龙头企业做强做大，引导龙头企业与农户结成利益共享、风险共担的集合型市场主体，要围绕区域主导产业，建立优势特色农产品生产基地。积极培育发展农业合作组织以“民建、民管、民受益”的原则，建立农民自己的合作组织，提高农户集体应对风险的能力。

(7) 制订科学合理的农产品保护价。加强农产品保护价的制度建设，农产品保护价格有利于帮助农民应对农产品价格的剧烈波动，起到减少农民损失和保持农产品价格平稳的重要作用，因此制定科学合理的农产品保护价格就显得十分重要。好的保护价可以有效地减少价格的波动，保障农民从事农业生产的利益，稳定农民的生产预期，我们要健全和完善这一制度。在保护价的制定中合理和充分地考虑到农民的生产成本等各方面的因素，使得保护价格的作用充分地发挥出来。此外要采取有效的监督管理措施，确保关于农产品保护价的政策落到实处。

第四节　农产品网络营销

农产品网络营销，指在农产品销售过中全面导入电子商务系统，利用计算机技术、信息技术、商务技术对农产品的信息进行收集与发布、依托农产品生产基地与物流配送系统，开拓农产品网络销售渠道，以达到提高农产品品牌形象、增进顾客关系、完善顾客服务、开拓销售渠道的一种新型营销方式。开展农产品网络营销可以使得农产品营销空间更广阔，实现交易双方互动式沟通，进而提高客户关系管理水平并降低营销成本。然而我国农产品的网络营销才刚刚起步，还有许多地方不完善，没有形成一个完善的体系。研究如何构建农产品网络营销体系从而促进农产品的高效流通，进而解决农产品卖难的问题，具有重要的现实意义。

一、网络市场

网络市场是以现代信息技术为支撑，以互联网为媒介，以离散的、无中心的、多元网状的立体结构和运作模式为特征，信息瞬间形成、即时传播，实时互动，高度共享的人机界面构成的交易组织形式。从网络市场交易的方式和范围看，网络市场经历了

3 个发展阶段：第一阶段是生产者内部的网络市场，其基本特征是工业界内部为缩短业务流程时间和降低交易成本，所采用电子数据交换系统所形成的网络市场。第二阶段是国内的或全球的生产者网络市场和消费者网络市场。其基本特征是企业在互联网上建立一个站点，将企业的产品信息发布在网上，供所有客户浏览，或销售数字化产品，或通过网上产品信息的发布来推动实体化商品的销售；如果从市场交易方式的角度讲，这一阶段也可称为“在线浏览、离线交易”的网络市场阶段。第三阶段是信息化、数字化、电子化的网络市场。这是网络市场发展的最高阶段，其基本特征是虽然网络市场的范围没有发生实质性的变化，但网络市场交易方式却发生了根本性的变化，即由“在线浏览、离线交易”演变成了“在线浏览、在线交易”，这一阶段的最终到来取决于以电子货币及电子货币支付系统的开发、应用、标准化及其安全性、可靠性。

1. 网络市场的基本特征

随着互联网络及万维网的盛行，利用无国界、无区域界限的 Internet 来销售商品或提供服务，成为买卖通路的新选择，Internet 上的网络市场成为 21 世纪最有发展潜力的新兴市场，从市场运作的机制看，网络市场具有如下基本特征。第一，无店铺的方式。运作于网络市场上的是虚拟商店，它不需要店面、装潢、摆放的货品和服务人员等，它使用的媒体为互联网络。第二，无存货的形式。万维网上的商店可以接到顾客订单后，再向制造的厂家订货，而无须将商品陈列出来以供顾客选择，只需在网页上打出货物菜单以供选择。这样一来，店家不会因为存货而增加其成本，其售价比一般的商店要低，这有利于增加网络商家和“电子空间市场”的魅力和竞争力。第三，成本低廉。网络市场上的虚拟商店，其成本主要涉及自设 Web 站成本、软硬件费用，网络使用费，以及以后的维持费用。它通常比普通商店经常性的成本要低得多，这是因为普通商店需要昂贵的店面租金、装潢费用、水电费、营业税及人事管理费用等等。美国思科（Cisco）在其官方网站中建立了一套专用的电子商务订货系统，销售商与客户能够通过此系统直接向 Cisco 公司订货。此套订货系统的优点不仅能够提高订货的准确率，避免多次往返修改订单的麻烦；最重要的是缩短了出货时间，降低了销售成本。据统计，电子商务的成功应用使 Cisco 每年在内部管理上能够节省数亿美元的费用。电子数据交换（EDI）的广泛使用及其标准化使企业与企业之间的交易走向无纸贸易。在无纸贸易的情况下，企业可将购物订单过程的成本缩减 80%以上。在美国，一个中等规模的企业一年要发出或接受订单在 10 万张以上，大企业则在 40 万张左右。因此，对企业，尤其是大企业，采用无纸交易就意味着节省少则数百万美元，多则上千万美元的成本。第四，无时间限制。虚拟商店不需要雇佣经营服务人员，可不受劳动法的限制，也可摆脱因员工疲倦或缺乏训练而引起顾客反感所带来的麻烦，而一天 24 小时，一年 365 天的持续营业，这对于平时工作繁忙、无暇购物的人来说有很大的吸引力。第五，无国界、无区域。联机网络创造了一个即时全球社区，它消除了同其他国家客户做生意的时间和地域障碍。面对提供无限商机的互联网，国内的企业可以加入网络行业，开展全球性营销活动。如浙江省海宁市皮革服装城加入了计算机互联网络跻身于通向世界的信息高速公路，很快就尝到了甜头。信息把男女皮大衣、皮夹克等 17 种商品的式样和价格信息输入互联网，不到两小时，就分别收到英国“威斯菲尔德有限公司”等十多家海外客商发来的电子邮件和传真，表示了订货意向。服装城通过网上交易仅半年时间，就吸引了美国、意大利、日本、丹麦等 30 多个国家和地区的 5 600 多个客户，仅仅一家雪豹集团就实现外贸供货额 1 亿多元。第六，精简化。顾客不必等经理回复电话，可以自行查询信息。各户所需资讯可及时更新，企业和买家可快速交换信息，网上营销使你在市场中快人一步，迅速传递出信息。今天的顾客需求不断增加，对欲购商品资料的了解，对产品本身要求有更多的发言权和售后服务。于是精明的营销人员能够借助联机通信所固有的互动功能，鼓励顾客参与产品更新换代让他们选择颜色、装运方式、自行下订单。在定制、销售产品的过程中，为满足顾客的特殊要求，让他们参与越多，售出产品的机会就越大。总之，网络市场具有传统的实体化市场所不具有的特点，这些特点正是网络市场的优势。

2. 网络市场的优势

与传统消费市场相比，网络市场具有很多优势，主要表现在以下几个方面。

（1）网络市场中商品种类多，没有商店营业面积限制，它可以包含多种商品，充分体现网络无地域界限的优势。

（2）网络购物没有时间限制，24 小时开放，需要时可随时登录网站，挑选任何商品。

（3）购物成本低，对于网络消费者，挑选对比不同的商品，只需要登录不同的网站或是选择不同的频道，免去了传统购物的奔波之苦，时间和成本都大幅减低。

（4）网上商品价格相对较低，因为网络销售省去了很多中间环节，节约了传统商场无法节省的费用，商品附加费低，因此价格也就低．在传统市场，一般利润率要达到 20%以上才能赢利，而网络市场利润率在 10%就能赢利。

（5）网络市场库存少，资金积压也少。网络营销中很多商品是按订单调配，不需要很多库存，从而减少了资金积压。甚至无库存。

（6）商品信息更新快，只需要将商品信息即时修改公布，全球立即可以看到最新信息，这在传统市场中是无法做到的。

(7) 商品查找快，由于搜索功能齐全，通过搜索，不需要太长时间，就可以查找到所需要的商品。

(8) 服务范围广，网络购物无地域无国界的限制，因此服务范围也不会界定于具体区域。

3. 网络市场的劣势

由于网络市场还是一种新兴的商业模式，所以还存在着一些欠缺。

(1) 信誉度问题。在当前网络市场中，无论是买家还是卖家，信誉度都是交易过程中的最大问题。

(2) 网络安全问题。在网络营销过程中，用户的个人信息、交易过程中银行账户密码、转账过程中的资金转移都牵涉到安全问题，安全保障始终是网上购物的一层阴影。

(3) 配送问题。配送无法与互联网信息同步，往往完成购物过程需要 1～2 天或更长时间，不如传统购物可以立即付款取货。

(4) 商品展示信息不够直观。只能通过文字和图片进行一般性描述，妨碍了某些特定商品的上网销售。

4. 网络市场的功能

(1) 树立公司先锋形象。利用互联网改善公司形象，使其成为一个先锋的、高科技型的公司，是现代企业开拓网络市场最具有说服力的理由。在网络市场竞争中，作为一个拥有实力可以在竞争中制胜的公司，必须率先进入 WWW 系统，即（客户/服务器）模式，以先入为主的资格去迎合普通计算机使用者的需求，满足他们追求个性化产品及服务的欲望；先锋者形象赋予公司一种财力充足、不断创新的表象，这是公司最稀缺的、最珍贵的无形资产。如北京城乡华懋商厦是京城较早开设网上商城的零售企业，该公司负责人张女士认为公司这样做的目的是要通过网上商城来扩大知名度，使公司时刻站在信息高速公路的前沿阵地，成为网上行销的先锋；公司的先锋者形象对于提高公司的人力资本的效用有着巨大的作用，它对于想成为先锋成员的雇员来说具有莫大的吸引力，也有利于公司在网上公开招聘第一流的人才，使公司的人力资源更加雄厚。一个顽强的、机敏的、能力值高的、热情值高的员工队伍，将大大增强公司在网络市场和现实市场这双重市场上的开拓力。

（2）发展公共关系。网络公司必须在网络空间的公共关系网中占有绝对的优势。在具体的作法上，一是公司可以在电子广告栏目中描述公司发展的历史、公司的目标价值、公司的管理队伍、公司的社会责任及其对社区发展的贡献，以提高公司的社会知名度；二是公司能够利用多媒体技术（如图片、文件、音像、数字等）提供一种更为独特的服务，为顾客提供有价值的咨询信息，使访问者主动地进入你的网址，并进一步详细地阅读所有新近的资料。对于访问者来说，能获得有价值的信息是令人兴奋的事，获得一些有价值的信息越多，访问的次数也越多，访问的频率也随之提高，被访问的网络公司在访问者心目中知名度也随之提高，访问者对被访问的网络公司的忠诚度也随之增强。总之，网络公司通过不断地向顾客提供有价值的咨询信息来吸引访问者的注意力，来提高访问者对网络公司的忠诚程度。

（3）与投资者保持良好的关系。对于现代公司来讲，与投资者关系的好坏对公司的发展至关重要。公司可以利用 WWW 网址来建立与投资者保持良好的信息沟通的渠道，最大限度地降低信息的不对称性，从而降低投资者对公司可能存在的“道德风险”“机会主义行为”的担心，提高公司与投资者之间的信用度，保持长期的、双向的合作关系。

（4）选择最合格的顾客群体。对于一个网络公司来讲，选择最合格的顾客群体是公司实现网络营销战略的关键。公司通过 WWW 网，可以大大地缩小销售的范围，而以特色的产品和特色的服务来选择最合格的、最忠实的目标顾客群体，从而实现优良的客户服务。例如在纽约有一家专营珠宝的在线零售商——JewelryWeb，其站点出售几乎所有种类的珠宝首饰，从K金饰物、白金首饰到珠宝与银器。该公司的顾客主要分为两类：一类是自用顾客，大多为女性，年龄在35~55岁之间，她们通常会再次光顾JewelryWeb；另一类是礼品顾客，多为男性，年龄大约在30~45岁。JewelryWeb的总裁认为，该公司成功的秘决首先在于选择了最合格的顾客群体；其次在于优良的客户服务，这种服务是一对一式的，在顾客收到货品之后，公司通常会发出电子邮件来询问顾客是否满意；其三在于保证产品的质量和随时保持有新的商品供顾客挑选。

（5）与客户及时的在线交流。公司的WWW网址中包括了许多可以填写的表格，以解答顾客的疑问并进行有效的建议。它们就像电子邮件，沟通公司与客户。同时顾客也可以向公司的网址发来他们的忠告与建议，供公司及其他所有客户阅读。通过这种方式，公司可以同所有的顾客共同分享有关产品的有效信息。在线上，公司可以与顾客更为自由地进行信息往来，并允许目标顾客发出更多的反馈意见。第一件产品的发展、定位和提高全依赖于那些聪明的、有经验的顾客们的往来信息，这是公司不可或缺的一个强大的推动力。更重要的是，顾客在网络上完成互动，如果他觉得很满意，就会与好朋友分享。

（6）让客户记住您的网络通道。产品销售中的宣传效应告诉我们，应尽可能地使我们的名字醒目地出现于人们面前。产品给人们留下的印象越深，人们越有可能记住他们，进而考虑、信任，并最终买下。一些设计很好的网址能使自己的通信管道深深地嵌入人们的记忆之中。

二、网络消费者

网络消费者是指通过互联网在电子商务市场中进行消费和购物等活动的消费者人群。

1. 网络消费者的类型

网络消费者不外乎以下六类：简单型、冲浪型、接入型、议价型、定期型和运动型。

简单型的顾客需要的是方便直接的网上购物。他们每月只花7小时上网，但他们进行的网上交易却占了一半。零售商们必须为这一类型的人提供真正的便利，让他们觉得在你的网站上购买商品将会节约更多的时间。要满足这类人的需求，首先要保证订货、付款系统的安全、方便，最好设有购买建议的界面；另外提供一个易于搜索的产品数据库是保持顾客忠诚的一个重要手段。

冲浪型的顾客占常用网民的8%，而他们在网上花费的时间却占了32%，并且他们访问的网页是其他网民的4倍。冲浪型网民对常更新、具有创新设计特征的网站很感兴趣。

接入型的网民是刚触网的新手，占36%的比例，他们很少购物，而喜欢网上聊天和发送免费问候卡。那些有着著名传统品牌的公司应对这群人保持足够的重视，因为网络新手们更愿意相信生活中他们所熟悉的品牌。另外，这些消费者的上网经验不是很丰富，一般的对于网页中的简介、常见问题的解答、名词解释、站点结构之类的链接会更加的感兴趣。

另外8%是议价者，他们有一种趋向购买便宜商品的本能，大型拍卖网站eBay一半以上的顾客属于这一类型，他们喜欢讨价还价，并有强烈的愿望在交易中获胜。在自己的网站上打出“大减价”“清仓处理”“限时抢购”之类的字眼能够很容易的吸引到这类消费者。

定期型和运动型的网络使用者通常都是为网站的内容吸引。

定期网民常常访问新闻和商务网站，而运动型的网民喜欢运动和娱乐网站。目前，网络商面临的挑战是如何吸引更多的网民，并努力将网站访问者变为消费者。对于这类型的消费者，网站必须保证自己的站点包含他们所需要的和感兴趣的信息，否则他们会很快跳过这个网站进而转入下一个网站中。

2. 网络消费者的购买行为分析

网上消费者的购买行为是影响网络营销的重要因素。了解网上消费者的购买类型、购买动机，可以帮助网上消费者正确把握自己的消费行为，并为企业网络营销提供决策的科学依据。网上消费者的购买类型，按照消费者需求的个性化程度，可以将网上消费者的购买行为划分为简单型、复杂型和定制型购买。

（1）简单型购买。简单型购买的产品大多是书籍、音像制品等类的标准化产品。消费者对它们的个性化需求不大，通常以传统购买习惯为依据，不需要复杂的购买过程，购买前一般不会进行慎重的分析、筛选，主要以方便购买作为首要条件。

（2）复杂型购买。这类购买行为主要发生在购买电视机、电冰箱等技术含量相对较高的耐用消费品的场合。由于消费者对这些产品的许多技术细节不了解，因而对品牌的依赖性较大。随着这些产品逐渐走向成熟，消费者对它们变得越来越熟悉，这种复杂型购买将逐步趋于简单化。对这些产品，消费者的个性化需求主要表现在产品的颜色、外观造型上，对厂商的要求不是很高，厂商介入的程度不大。

（3）定制型购买。这类购买是指消费者按照自己的需求和标准，通过网络要求厂商对产品进行定制化生产。定制型购买的产品大致有三类：一类产品是技术含量高、价值高的大型产品，通过定制，虽然增加了制造成本，但可以大大削减非必要功能，从而获得更个性化同时也是更经济的产品。另一类产品是技术含量不高，但价值高的个性化产品。这类产品与消费者的兴趣、偏好有直接的关系。还有一类产品是计算机软件及信息产品。

3. 影响网络消费者购买的主要因素

(1) 产品的特性。首先，由于网上市场不同于传统市场，网上消费者有着区别于传统市场的消费需求特征，因此并不是所有的产品都适合在网上销售和开展网上营销活动的。根据网上消费者的特征，网上销售的产品一般要考虑产品的新颖性，即产品是新产品或者是时尚类产品，比较能吸引人的注意。追求商品的时尚和新颖是许多消费者，特别是青年消费者重要的购买动机。

其次，考虑产品的购买参与程度，一些产品要求消费者参与程度比较高，消费者一般需要现场购物体验，而且需要很多人提供参考意见，对于这些产品不太适合网上销售。对于消费者需要购买体验的产品，可以采用网络营销推广功能，辅助传统营销活动进行，或者将网络营销与传统营销进行整合。可以通过网上来宣传和展示产品，消费者在充分了解产品的性能后，可以到相关商场再进行选购。

(2) 产品的价格。从消费者的角度说，价格不是决定消费者购买的唯一因素，但却是消费者购买商品时肯定要考虑的因素，而且是一个非常重要的因素。对一般商品来讲，价格与需求量之间经常表现为反比关系，同样的商品，价格越低，销售量越大。网上购物之所以具有生命力，重要的原因之一是网上销售的商品价格普遍低廉。

此外，消费者对于互联网有一个免费的价格心理预期，那就是即使网上商品是要花钱的，那价格也应该比传统渠道的价格要低。这一方面，是因为互联网的起步和发展都依托了免费策略，因此互联网的免费策略深入人心，而且免费策略也得到了成功的商业运作。另一方面，互联网作为新兴市场它可以减少传统营销中中间费用和一些额外的信息费用，可以大大削减产品的成本和销售费用，这也是互联网商业应用的巨大增长潜力所在。

(3) 购物的便捷性。购物便捷性是消费者选择购物的首要考虑因素之一。一般而言，消费者选择网上购物时考虑的便捷性，一是时间上的便捷性，可以不受时间的限制并节省时间；另一方面，是可以足不出户，在很大范围内选择商品。

(4) 安全可靠性。网络购买另外一个必须考虑的是网上购买的安全性和可靠性问题。由于在网上消费，消费者一般需要先付款后送货，这时过去购物的一手交钱一手交货的现场购买方式发生了变化，网上购物中的时空发生了分离，消费者有失去控制的离心感。因此，为减低网上购物的这种失落感，在网上购物各个环节必须加强安全措施和控制措施，保护消费者购物过程的信息传输安全和个人隐私保护，以及树立消费者对网站的信心。

4. 网络消费购买过程

网上购物是指用户为完成购物或与之有关的任务而在网上虚拟的购物环境中浏览、搜索相关商品信息，从而为购买决策提供所需要的必要信息，并实现决策的购买的过程。电子商务的热潮使网上购物作为一种崭新的个人消费模式，日益受到人们的关注。消费者的购买决策过程，是消费者需要、购买动机、购买活动和买后使用感受的综合与统一。网络消费的购买过程可分为以下五个阶段：确认需要→信息收集→比较选择→购买决策→购后评价。

(1) 确认需要。网络购买过程的起点是诱发需求，当消费者认为已有的商品不能满足需求时，才会产生购买新产品的欲望。在传统的购物过程中，消费者的需求是在内外因素的刺激下产生的，而对于网络营销来说，诱发需求的动因只能局限于视觉和听觉。因而，网络营销对消费者的吸引是有一定难度的。作为企业或中介商，一定要注意了解与自己产品有关的实际需要和潜在需要，掌握这些需求在不同的时间内的不同程度以及刺激诱发的因素，以便设计相应的促销手段去吸引更多的消费者浏览网页，诱导他们的需求欲望。

（2）收集信息。当需求被唤起后，每一个消费者都希望自己的需求能得到满足。所以，收集信息、了解行情成为消费者购买的第二个环节。收集信息的渠道主要有两个方面：内部渠道和外部渠道。消费者首先在自己的记忆中搜寻可能与所需商品相关的知识经验，如果没有足够的信息用于决策，他便要到外部环境中去寻找与此相关的信息。当然，不是所有的购买决策活动都要求同样程度的信息和信息搜寻。根据消费者对信息需求的范围和对需求信息的努力程度不同，可分为以下3种模式：一是广泛的问题解决模式。是指消费者尚未建立评判特定商品或特定品牌的标准，也不存在对特定商品或品牌的购买倾向，而是很广泛地收集某种商品的信息。处于这个层次的消费者，可能是因为好奇、消遣或其他原因而关注自己感兴趣的商品。这个过程收集的信息会为以后的购买决策提供经验。二是有限问题的解决模式。处于有限问题解决模式的消费者，已建立了对特定商品的评判标准，但尚未建立对特定品牌的倾向。这时，消费者有针对性地收集信息。这个层次的信息收集，才能真正而直接地影响消费者的购买决策。三是常规问题的解决模式。在这种模式中，消费者对将来购买的商品或品牌已有足够的经验和特定的购买倾向，它的购买决策需要的信息较少。

（3）比较选择。消费者需求的满足是有条件的，这个条件就是实际支付能力。消费者为了使消费需求与自己的购买能力相匹配，就要对各种渠道汇集而来的信息进行比较、分析、研究，根据产品的功能、可靠性、性能、模式、价格和售后服务，从中选择一种自认为“足够好”或“满意”的产品。由于网络购物不能直接接触实物，所以，网络营销商要对自己的产品进行充分的文字描述和图片描述，以吸引更多的顾客。但也不能对产品进行虚假的宣传，否则可能会永久的失去顾客。

（4）购买决策。网络消费者在完成对商品的比较选择之后，便进入到购买决策阶段。与传统的购买方式相比，网络购买者在购买决策时主要有以下 3 个方面的特点：首先，网络购买者理智动机所占比重较大，而感情动机的比重较小。其次，网络购物受外界影响小。第三，网上购物的决策行为与传统购买决策相比速度要快。网络消费者在决策购买某种商品时，一般要具备以下三个条件：第一，对厂商有信任感。第二，对支付有安全感。第三，对产品有好感。所以，网络营销的厂商要重点抓好以上工作，促使消费者购买行为的实现。

（5）购后评价。消费者购买商品后，往往通过使用对自己的购买选择进行检查和反省，以判断这种购买决策的准确性。购后评价往往能够决定消费者以后的购买动向，“满意的顾客就是我的最好的广告”。为了提高企业的竞争能力，最大限度地占领市场，企业必须虚心听取顾客的反馈意见和建议。方便、快捷、便宜的电子邮件为网络营销者收集消费者购后评价提供了得天独厚的优势。厂商在网络上收集到这些评价之后，通过计算机的分析、归纳，可以迅速找出工作中的缺陷和不足，及时了解消费者的意见和建议，制定相应对策，改进自己产品的性能和售后服务。

三、农产品电子商务营销渠道

我国自古以来便是农业大国。自新中国成立以后，以“农业、农村、农民”为核心的“三农”问题就一直是我国所要面对的最重大的问题之一，同时“三农问题”也是关系到我国的发展的根本性问题。而解决“三农问题”的关键环节就在于农产品的流通。

使农产品能够进行高效快速的流通，成为解决农产品难买难卖的最有效途径之一。随着信息技术革命的迅猛发展，电子商务已经越来越被广大的人们大众所了解。即使坐在家里，你也可以随时在第一时间掌握全国各地的大大小小的新闻。以前由于消息的闭塞而被人们忽略的一些问题和事件慢慢地成为人们关注的焦点问题，引起了各种热议。当然关于民生大计的问题更是得到了全社会甚至党中央的热切关注和强烈反响。而电子商务作为一种先进的与时共进的商务模式，它特有的信息化，自动化和无地域限制的特点为解决传统农产品交易中农产品无法及时流通的问题提供了重要的思路。电子商务作为现金的与时共进的商务模式，其效率高、成本低、公平、透明的特质正满足了我国农产品市场所面临的新格局，将电子商务引入农业产业链中势在必行。

1. 将电子商务引入农业的意义

电子商务在农业中的应用大大提高了农业经济的效益，降低了农业生产经营成本，从信息资源、销售渠道和生产方式等方面为我国农业发展带来了崭新的面貌。电子商务能够缩短生产和消费的距离，既发挥迂回经济的专业化分工的效率，又缩短迂回经济条件下的生产和消费的距离，被称为“直接经济”“零距离经济”。电子商务的优点主要表现在降低交易成本、减少库存、缩短生产周期、增加商业机会、减轻对实物基础设施依赖的 24 小时无间隔的商业运作等，因此能够有效地克服农业产业化经营中的不利因素，对我国农业产业化进程具有极大的促进作用。

2. 我国农产品电子商务发展现状

中国在加入国际互联网后，随着互联网信息技术的不断发展，我国的农业电子信息网逐步建成，农业电子商务得到越来越广泛地重视。时至今日，我国电子商务已经取得了巨大的成就，但同时也面临着更加难以突破的困局。比如，近年来频频发生的“菜贱伤农”现象，虽然在这些案例中，导致农民遭受巨大损失的原因是各种天灾人祸共同作用的结果，但最终都一个结局，是菜农遭受了巨大的经济损失和沉重的身心打击，使他们对未来迷茫不知所措。

3. 发展农产品电子商务的必要性

我国是传统的农业大国，农业的发展关系着我国经济等各方面的发展，只有农业发展好了，才能更好地对我国进行全面的发展。相反，一旦农业发展滞后，我国的全面发展将会遭到严重的阻碍。只有保障了农业发展的主体——农民的根本利益，让他们的生活得到显著的提高，才能极大限度的调动农民的生产积极性，才能更好地解决目前我国农业市场上的问题，突破“菜贱伤农”的困局，更好地进行农业的发展和转型。

4. 对未来我国电子商务发展的建议

一是加强农村网络基础建设。作为农村信息化发展过程中的重要部分，农村宽带网络建设显得尤为重要。有关部门应该加大对农村用户的优惠力度，比如，实行优惠的通信资费政策等来实现在更广大的农业区的宽带网络覆盖。二是加快发展建设农产品的物流产业。对于农产品物流的建设，可以引进一个新的概念——物流园区。所谓的“物流园区”就是指由政府提供各种资源和出台各种政策，有效的利用各种可以利用的土地资源，开辟并建设成为专门的物流基地，逐步形成可行的产业化模式。三是大力加强农业信息化高等专门人才的教育培养。专门的农业信息化人才包括负责采集农业信息的人、负责发布农业信息的人和负责管理的人等。虽然我国对农业信息化人才的培养已经有所重视，但是我国农业信息化人才仍十分缺乏。如果要继续推进我国农业电子商务的发展进程，就必须从各方面加强对农业人才的培养。四是出台更加完善的相关法律政策。说到我国政府对于农业电子商务发展的支持，最有效的莫过于相关法律法规的制定。其中最重要的莫过于关于互联网的相关立法。电子商务虽然给人们的生活带来了极大的便利，但也包含了各种的不安全因素，如个人信息遭到泄露、网络诈骗、网络交易风险等。针对这些，政府需要出台更细致化、更有针对性的法律文件，以保护人民的利益，促进电子商务的可持续发展。

农产品的信息化建设不是一蹴而就的，我国农业电子商务的建设和完善任重而道远，只有正视我国农业电子商务中所出现的各种问题，并提出针对性的解决方案，才能更好地促进我国农业电子商务的发展，才能早日实现我国的农业现代化建设。

四、农产品网络营销策略选择

随着互联网技术的进一步应用，电子商务已成为我国经济的新增长点之一，截至 2013 年年底，我国网民规模已达到6.18亿，手机网民数量为5亿，网站数量为320万个，互联网不仅改变人们的生活方式，还进一步改变人们的生产组织方式。我国农业受自身特点、国内外经济环境和组织模式的影响，与现今经济发展、人民生活需求的矛盾进一步加剧。在这一形势之下，农产品如何利用网络营销新模式，让农户有效掌握供求信息，合理组织、安排生产，让消费者足不出户购买到鲜活农产品，成为缓解农产品供求矛盾，增加农户收入的关键。针对我国农产品网络营销存在的问题，从我国农产品网络营销必然性入手，分析了农产品网络营销的优势，提出符合我国国情的农产品网络营销策略。

1. 我国农产品网络营销的必然性

（1）农产品流通渠道不畅使我国农产品供求矛盾进一步突出。2012 年我国农业生产总值达到46 940亿元，和 2011 年相比增加4.9%，远远低于已下降了的2012 年 GDP 增长率7.2%；另一方面，2012 年我国的谷物产量为5.33 亿吨，消费量为5.37 亿吨，产需缺口为4 000万吨，而且结构性矛盾进一步突显。但在现实的市场状况下，时常会发生大量的农产品尤其是生鲜果蔬烂在农田里卖不出去，而城市果蔬价格居高不下的“怪相”。农业发展速度相对缓慢，市场供求矛盾突出主要归因于农产品流通渠道不畅，“重生产、轻流通”的现象在网络时代有望得到改观。

（2）农产品网络营销的网络环境已具备。一是我国农村网民普及率呈现快速增长趋势。截至 2013 年 12 月，我国农村网民占总网民的 27.5%（随着移动终端技术的进一步推广，这一比率还会有很大幅度的提升），多年保持快速增长态势；且从农村网民的年龄结构来看，20~39 岁的网民占农村网民规模的绝大多数，这个年龄区间相对于农业人口中的其他从业人口，文化程度比较高，对于新事物反应比较敏锐，例如在对移动终端、社交平台软件的运用上，这一群体表现了快速的接受能力，这一特征也让他们易于接受利用网络来获取农业信息、组织生产和进行销售这样的新的农业生产组织模式。二是立体物流体系逐步形成，尤其是制约农产品流通的“冷链物流”取得长足的发展。截至 2013 年年底，我国物流经营规模超过 10 亿元人民币以上的物流企业已有近百家，初具规模、及具成长性的市场体系在中国逐渐形成，物流产业趋于专业化、精细化。尤其是与农副产品运输休戚相关的“冷链物流”（冷链物流：泛指冷藏冷冻类食品在生产、贮藏运输、销售，到消费前的各个环节中始终处于规定的低温环境下，以保证食品质量，减少食品损耗的一项系统工程），这些年得到了切实的发展。根据“前瞻产业研究院”发布的数据，我国 500 家冷链企业到 2015 年冷库容量为 3 200万吨，并且中国冷链物流行业在未来将保持 25% 的年增长率，到 2017 年，市场规模达到 4 700亿元。虽然这一规模与发达国家还有一定的差距，但这样的冷链运输规模无论是在杜绝农产品“运输浪费”上还是在刺激农产品销售的网络化上都是一个巨大的推动。

2. 农产品网络营销的优势

农产品相对其他产品有着其显著的特征，而这些特征在传统的销售模式下，对农业信息化程度、对渠道的要求甚高，但在网络营销模式下，这些劣势逐步被转化，这也是网络时代农产品能在网络上大力销售的重要原因。

（1）网络销售模式是解决农产品供销矛盾的最为有效的方式。农产品的一个显著特征就是生产的地域性与消费的普遍性矛盾，这种矛盾使农产品在传统销售模式下销售渠道更加复杂。网络营销最显著的特征就是“跨时空”的营销，参与人数众多且增长数度快。截至2013年年底，我国网络购物用户规模达3.02亿人，使用率达到48.9%，相比2012年增长6.0个百分点；团购的用户规模达到1.41亿人次，团购使用率为22.8%，相比2012年增长8.0个百分点，用户规模增长68.9%，这一增长速度还会进一步加快。加之网络营销可实现生产者和消费者的有效双向沟通、可利用多媒体技术进行有效展示以及无中间环节等众多优势，可以最大限度地满足用户的个性化需求，既有利于农产品的供求平衡，又有利于农产品价格公平。

（2）网络销售可以有效规避供求信息不对称带来的风险。农产品的另一个特征就是易于受自然条件的约束和影响，产量信息不对称，在供求上极易产生矛盾。例如：2010年北方的辣椒产量好，农民对供求把握不足，导致种植面积过大，到了收获季节，无辣椒商收购；但与此同时，南方辣椒因为干旱减产80%，导致南方辣椒商疯狂抢购北方辣椒，顿时辣椒一时供不应求，价格一路上升，从6.78元/千克升到9.12元/千克，最后，由于南方的辣椒需求也大，供货一度很紧张。在国外，解决这一问题主要依赖一个高效的农业信息平台，农民在第一时间掌握需求、种植信息，第一时间跟踪和发布产量信息，可以有效缓解这一矛盾。但在我国现今的农业信息化相对薄弱的条件下，利用网络信息平台检测和统计需求信息，团购和预售等方式逐步分散来自供求矛盾产生的风险不啻为一种有效的探索。

3. 农产品网络营销策略创新

（1）健全农产品网络营销模式。目前，农产品网络流通主要为农业企业网站和政府农业网站，而且呈现无序化特征。在淘宝网等主流零售网站上，销售农产品的主体中经营农产品销售农业企业数量较多，农产品生产企业数量较少；而政府农业网站建设存在内容单一、建设滞后等问题。但就我国的农业现状而言，单一的农户在农业主体里仍然占有很大比例。如何让这一群人直接参与到农产品流通中，利用网络无疑是一个简单有效的方式。另一方面，农产品网络销售模式一直以来只强调面向农业企业和政府的企业对企业（B2B）、政府对政府（G2G）、企业对政府（B2G）方式，而现今网络上出现的消费者对消费者（C2C）模式大大刺激了农产品的销量，即“个人与个人之间的电子商务”。以淘宝网为例，2014年5月1日的当天，淘宝美食频道共收录了农产品商品目录约为1亿件，而淘宝网这个规模也只是农产品电子商务的“冰山一角”。

（2）健全农产品网络营销的信息化服务体系。农产品自身的特点，很容易使市场调节资源的能力在某种程度上“失灵”。现今农产品都是借助第三方平台推动网络营销的，具有规模和影响的农产品销售专业网络少之又少；缺乏一个立体的农产品信息化平台，使我国农业在生产和销售预测功能方面非常落后，就表现为没有构建一个跨省（市）、地区协同运营的电子商务交易平台，加之没有完备的农产品信息数据库和缺乏农业信息化人才等原因，农产品网上销售监测功能弱化，构建一个全方位的农产品信息化平台迫在眉睫。

（3）加强农产品网络营销保障体系。目前国内电子商务企业解决交易双方商业信誉问题多采用“保证金”“无理由退货”等制度，借鉴这些成熟的制度，应建立一个既适合农产品又有效力的农产品销售的信用保障体系。既要确保农业生产者的收益又要保护消费者权益。其次要建立适合农民的安全、严密的社会范围的个人信用卡和电子货币网络支付体系，保障网站交易安全。再次，建立一个立体的农产品网上销售保险金制度，降低农业风险，这些保险应涵盖农产品生产的小额贷款、加工、包装、物流和消费等领域。最后，农产品网络营销的高效率需要创新农产品物流体系，物流体系的核心是降低物流成本和提高物流效率，从而满足农产品网络营销要求。

第七章　互联网+都市生态农业：打造现代园林城市

20 世纪 90 年代初，我国大都市区域范围的农业开始由传统农业向都市型农业转变，特别是在东部沿海地区，随着现代化都市建设的日新月异、城乡一体化的不断发展，都市区域范围的农业发生了很大程度的变化。然而，由于农业资源的先天不足及人口和环境的巨大压力，有效解决农产品质量与产量，经济增长与环境资源保护的矛盾，成了政府及各界学者关注的焦点，因而在我国城市化地区及其延伸区侧重都市型农业的生态功能，发展“都市型生态农业”，实现农业新的飞跃也成了大势所趋，民心所向。

第一节　都市农业的基本特征

20 世纪 90 年代以来，随着现代化都市建设的日新月异，以及城乡一体化的不断发展，我国都市区域范围的农业发生了根本性的变化，出现了所谓“都市里的‘村庄’和农村中的‘都市’”的新现象，大都市的农业正在由城郊型传统农业向都市型现代农业转变，可以说都市农业是现代农业的一种地域分工。然而，都市农业的建设是一项长期的系统工程，是一个不断发展的过程。

一、都市农业的概念

近 20 年来，在全球气候变暖、空气污染、能源供应紧张以及城市居民食品安全危机等问题的推动下，都市农业由公众的边缘性话题逐渐过渡成为了学术界的核心话题。都市农业（Urban arming/Urban Agriculture，简称 UA）是社会经济发展到较高水平时，在大城市周边与间隙地带或大中城市群之间形成的，依托并服务于城市，以城市生态保护、市民观光休闲、出口创汇为特色，以农业高科技武装的园艺化、设施化、工厂化生产为主要手段，以大都市市场需求为导向，以农业产业化为依托，以规模经营为条件，集生产、服务、观赏、休闲、消费于一体的经济和生态等多功能并存的、高产高效和可持续发展相结合的现代农业模式。在城市经济发展到较高水平时，随着农村与城市、农业与非农产业的进一步融合，都市农业能够在整个城市内部形成生产力水平较高的农业生产及运行体系，将农业空间重新融入城市，并作为长期存在的生产场所。

作为地理学名词，现代都市农业概念最早出现在 1930 年的日本《大阪府农业报》上，而后作为学术名词出现在青鹿四郎 1935 年发表的《农业经济地理》中。20 世纪 50 年代末至 60 年代初，美国的经济学家们开始进行都市农业研究，并出现了与现代都市农业意义较为相近的“都市农业生产区域”和“都市农业生产方式”的表述。1977 年，在《日本农业模式》一书中，美国经济学家艾伦·尼斯明确地提出了“都市农业”的概念。都市农业被世界粮食与农业组织（Food and Agriculture Organization，简称 FAO）定义为在城镇范围内的农作物种植与家禽家畜饲养，是一种在城市范围内进行的，直接服务于城市需求的特殊的农业活动。据统计，目前全球共有 2 亿人从事与都市农业相关的工作，为 8 亿居民解决了粮食问题；全世界 14%的农产品是以都市农业方式生产的。

都市农业的研究和实践经历了几个世纪的发展和演变。简·雅各布斯（Jane Jacobs）在《城市经济》（The Economy of Cities）一书中曾经指出："都市农业的历史与传统农业一样古老。城市最早是作为农场使用的，城市和农业在发展中一直是共存共生的"。在19世纪前，农业曾经在城市范围内占有一席之地。由于交通不便，最初的城市形态与粮食的来源息息相关，所有的食品均为本地供应。到1826年，德国经济学家约翰·海因里希·冯·图能（Johann Heinrich von Thünen）在城市与粮食的关系上的研究成果奠定了将农业移出城市的理论基础。图能关于粮食系统分布与运输对食品价格的影响的一系列论文于1818—1826年发表在《孤立国》（Isolated State）杂志中，并根据当时的保鲜科技条件，画出了各类食品从产地到城市市场的最大运输距离图表。此后，随着运输及食品保鲜技术的发展，西方主流的城市规划师们开始排斥他们所认为的制约城市迅速发展扩大的因素，吞并在城市范围内以及周边地区预留的农业用地。都市农业的概念体现了农业与环境、经济和社会领域间的各种相互关系和作用的复杂性和重要性。

二、都市农业的内涵

德国最早在1919年就开创了"市民农园"的发展模式；美国在20世纪五六十年代正式提出都市农业这一概念并开展了相关的研究。与传统意义上的生产性农业相比较，农业的多功能性发挥有利于增加农民的收入、提高农业的综合效益、平衡人口分布、吸纳劳动力就业、保障农村的生存与发展等，因而拓宽了农业发展的视野，深化了农业内涵与结构变化。

都市型现代农业的内涵是其所具有的特有属性。

1. 生产属性

生产属性是农业系统的基本属性。农业是为人类生存提供物质保障的系统，它包括植物性产品生产和动物性产品生产。农业系统中的植物通过光合作用生产初级产品，一部分可供人类食用，如作物种子、块根、块茎等；另一部分则可以被动物食用或归还土壤，如秸秆、嫩茎等。农业系统中的动物以农作物的初级产品为饲料，生产动物性产品，如肉、蛋、奶等。作为农业的一个发展阶段的都市型现代农业，其基本属性也是生产属性。

2. 生态属性

对于人类而言，农业的生产属性比生态属性更重要。但对于大自然而言，农业首先是一个生态系统，然后才是一个满足人类生存的生产系统。农业本身就是大自然的一部分，是一个加入了人工干预的复合生态系统。农业本身尤其是作物生产具有吸收二氧化碳、放出氧气，净化空气，涵养水源，保持水土等生态作用。都市型现代农业位于大城市附近，其植物性生产系统与林地、绿地等同样构成城市的生态屏障，同时，还以园林景观和调节气候的方式，减轻城市的热岛效应。

3. 生活属性

农业的生活属性不仅体现在为人们提供生活必需品，还体现在农业生产活动是人们生活的一部分。在农耕时代，农业生产是农民生活的重要部分，人们的生活中必不可少的衣、食、住、行均与农业密切相关。“衣”来自于棉花和蚕丝，“食”的所有食品均来自于农业，“住”的房和“行”的路桥均离不开林木。即使是在材料技术高度发达的现代社会，人们的衣、食、住、行仍离不开农业，且以贴近自然为时尚。农业的生活属性在都市型农业阶段更多地表现为为城市服务的属性，满足人们娱乐、休闲、体验、教育等的需求。

三、都市农业的基本特征

都市与都市农业的关系，既有都市对都市农业的依赖性，又有都市农业对都市的依存性。这种特有的相互依赖和相互促进的关系，从根本上决定了都市农业的特征。从形态、功能和发展水平等各个方面来考察，都市农业有以下几个比较显著的特征：

1. 都市农业是无城乡边界的农业

一般来说，为充分利用交通、信息、能源等资源，工商企业都聚集在大城市，而农业则分散在广阔的农村，自古以来，城乡分界可谓泾渭分明。随着世界城市化进程的加快，这一传统观念发生了变化。一方面，随着城市的扩展，农业以其优美的环境被保留下来，并在都市内建立各种自然休养村、观光园，形成插花状、镶嵌型农业。如日本东京都、大阪府内的“插花型”农业。另一方面，随着城市化进程的不断加快，相互紧密联系的城市纵横交接，因而形成了城市渗透农村、农村渗透城市，城市和农村浑然一体，产生了许多农村中的“城镇”和“工厂”，以及都市里的“村庄”和“田野”，最为明显的是公共基础设施以及其他公共物品供给正朝着一体化方向发展，传统的城乡布局被突破，城乡界线已日益模糊了，都市农业已成为大城市的一个有机组成部分。城市需要决定了农业发展，农业发展又促进了城市建设，两者相互依存，相互作用，相互促进。都市农业的融合性，一方面体现在一产向二、三产业延伸渗透，交叉融合；另一方面体现在各种现代农业科学技术和先进设施以及先进农艺相互交接融合，且逐渐走向和谐统一。

2. 都市农业是功能多元化的农业

功能多元化是指农业除向人类提供更多、更好的特定产品以满足社会不断增长的基本需求之外，还承担其他日益增多与不断扩大的社会、经济、生态功能，包括环境保护、国土整治、水资源管理、保持生态平衡、维系自然资源的永续利用、扩大就业、推动和促进整个国民经济的可持续发展等等。传统的农区农业主要是利用动植物的性能生产满足人类需要的产品，主要指粮棉油等大宗农产品的生产，而都市农业的生产、流通和经营，农业形态和空间布局，都必须服从大城市的需要，为市民的生产、生活提供服务，在服务中获得经济效益。同时由于城市及市民的需要是多方面的，这就决定了都市农业的形态、生产经营形式与功能的多样性。都市农业不仅要充分利用大都市提供的科技成果及现代化设施进行生产，为国内外市场提供名、特、优、新农副产品，而且要具有为城市市民提供优美生态环境，绿化美化市容市貌，提供旅游观光场所，进行文化传统教育等诸多方面功能。我国台湾地区引导都市农业向生产、生活、生态相结合的“三生”可持续农业方向发展。荷兰的设施农业、日本的体验农业、德国的市民花园、新加坡的农业花园等多种形态，都充分展示了城市对都市农业的需求多样性以及都市农业功能的多样性。

3. 都市农业是高度集约化的农业

与其他地区农业相比，这一区域内的农业资源条件表现为资本、设施、科技和劳力的高度密集性，同时由于都市农业与城市之间的密切关系，面对其农业环境、投放要素、产业技术特性，结构及功能有一定的要求或限制，从而使这一地区的农业同其他地区的传统农业明显不同。随着都市农业区域地价的上升，在经济利益的诱导下，都市农业转向资本、科技密集和土地节约型的发展道路，农业生产经营方式高度企业化、规模化、科技化、设施化、市场化，并实现产加销、贸工农一体化，为大城市提供所需的鲜活农副产品。目前，国外经济发达国家的农业有机构成甚至高过工业。日本东京、大阪的农业基本实现了生产栽培园艺化、基地设施现代化、生产操作机械化。因此，与一般农区农业相比，都市农业更有基础也更有条件从设施、生产、加工、流通到管理，形成高科技、高品质、高附加值的农业体系。

4. 都市农业是市场一体化的农业

都市农业傍依大城市，可充分利用国际大城市发达的市场、信息和交通网络，跨越区域界限发展农产品生产和交易。尽管都市农业有较高的地域性，但农产品的生产、加工、销售则以适应大都市市场和国际市场需求为出发点，农产品在市场上实现大流通是都市农业发展的动力和生命。如荷兰海牙的鲜花交易，可同时接待世界各国2 000多个商家。一般一批花卉拍卖成交包装后，次日凌晨即可在欧洲、美国或日本市场上出现。阿姆斯特丹奶牛基地生产的肉类和乳制品则销往全世界70多个国家。从某种意义上来说，都市农业是一种工业化、市场化农业。通过市场网络把千家万户的农民与市内、国内甚至世界市场紧密地连结在一起，快速有效地根据市场需要状况组织农业生产要素配置。通过市场化带动农业产业化，进而推进农业的专业化、基地化。因而都市农业突破了小生产的束缚，充分利用都市发达的市场、信息和交通网络，跨越行政区域，发展农产品深加工；开放方式由过去单纯引进的买卖关系发展到双方共同投资建立合资企业和示范农场；开放项目涉及畜牧、水产、蔬菜、瓜果、花卉等；开放内容既有引进资金、设备、品种的硬件合作，也有引进技术、管理的软件交流等。

5. 都市农业是具有准公共产品特性的农业

都市农业是经济、生态、社会、文化等多功能的综合体现，都市农业的产品不仅包括商品，而且还包括一些公共物品，多样的商品和非商品的农业产出的联合存在。因此，都市农业功能一般分为经济性功能与公益性功能。这其中，农产品生产属于经济性功能，而国土资源保护、水资源养护、自然环境保护、自然景观保护、自然景观形成、传统文化传承等属于公益性功能。而都市农业这种外部性，不能从市场交换中获得相应的补偿。因此，都市农业作为一个社会事业部门的属性日益明显不同于传统产品生产意义上的生产性农业，多功能农业的受益者首先是整个社会，其次才是农业的经营者，这就意味着农业问题不再是一个简单的微观经济问题，而是一个宏观经济问题，都市农业正日益成为一个社会事业部门，而作为一个产业经济部门的属性在不断弱化。从这个意义上讲，都市农业的公益性功能具有较强的正外部性，都市农业本身具有准公共产品特征。明确了这一点，都市农业的发展理应得到整个社会的广泛支持。

6. 都市农业是需要重点加以保护的农业

都市农业是依附于都市经济实力的农业，是存在于都市内部或紧邻都市的农业，这其中，土地作为一种资源显得尤为稀缺，而在城市化进程中，都市农业较之其他占主导地位的工业、商业和居住用地，其经济上的竞争力通常显得不足，这就使得都市农业在空间分布上呈现一种不稳定的趋势，常常被其他经济活动所抵占。与此同时，城市环境污染和生活垃圾的排放直接破坏农作物的生长，使城市边缘农业生产率下降。因此，都市农业最容易受到都市开发、用水污染、光照不足等自然环境恶化的影响。从市场经济的竞争环境和经济政策看，如对都市农业弃之不管，都市农业则随时有可能从都市中消失。所以，为了保证都市农业的可持续发展，就需对都市农业采取有效的保护，才能避免都市农业成为过渡性的、夕阳农业的厄运。

第二节　都市农业的功能定位

农业的各种功能本来就是客观存在的，但是人们对这些功能的认识是有一个过程的，因此在对待处理农业诸多功能之间关系的侧重点上也有所不同。在没有解决温饱问题之前，人们往往比较注重农业的生产功能，忽视农业在保持和改善生态环境、净化空气、涵养水源、调节气候等方面的作用，更难以涉及重视农业在社区生活环境、人文生活方面调节身心、教化人民、协调人和自然关系的功能。而当基本生存需要满足之后，在实践中对一些功能逐步加深认识，同时也有可能和有必要利用一部分农用土地和设施来有系统地拓展和开发这些原来就客观存在的农业功能。因此，都市农业既具有与一般农区农业相同的功能，如满足自给自足、提供就业机会与增加收入等，又在现代大都市的辐射与带动下，做到一般农区农业未充分发挥的功能得以拓展表现出来。从总体来看，都市农业具有经济、社会和生态三大功能，经济功能实质上是都市农业的产业功能，而社会功能与生态功能，是都市农业提供的难以替代的公共产品，故也可称为社会公益功能。

一、经济功能

经济功能主要是指提供优质、卫生、无公害的鲜活产品以满足都市消费需求，通过提供新鲜、卫生、安全的蔬菜、花卉、果品，实现农副产品出口创汇，提高农产品的经济效益，实现农业增产增值，优化产业结构，增加就业机会，提高农民收入，使都市农业通过适应现代消费来创造大城市经济的新的增长点。在相当长一段时间里，经济功能是都市农业的主体功能。经济功能主要表现在：

1. 食物保障功能

都市农业利用现代工业、科技武装，大幅度地提高农业生产力水平，为都市市民提供周边省市难以替代的鲜嫩、鲜活的蔬菜、畜禽、果品及水产品，并要求达到名特优、无污染、无公害、营养价值高。都市农业虽然不能完全满足城市主副食品的需要，但能够发挥重要的补充和调剂作用。在发生天灾人祸或突发事件［如SARS（非典型性肺炎）、禽流感等］时，都市农业能为保证主副食品供应和城市安全发挥重要的作用。同时都市农业的农产品已不再停留在初级产品上，而是对农产品进行精深加工，促进高附加值商品生产的发展，从而不断提高都市农业的经济效益。

2. 原料供给功能

随着人们健康知识、环境意识的增强，对以农产品为原料的制成品的需求呈现快速增长趋势。随着生物质产业特别是生物质能源等新兴产业的兴起，农产品新的原料用途不断拓展，新的加工途径不断开发。既强化了都市农业对工业的原料支撑作用，也为都市农业的发展开辟了新的空间。

3. 出口创汇功能

都市农业依托大城市对外开放和良好的口岸等自然优越条件，冲破地域界限，实行与国际大市场相接轨的大流通、大贸易经济格局，加快农副产品国内、国际间的流转创汇增值，提高农业附加值，同时通过组建内联外延的跨地区农业外贸集团扩大间接出口，开发涉外宾馆农业、旅游农业以及创汇农业。

二、社会功能

社会功能主要是指为都市居民提供接触自然、体验农业以及观光、休闲的场所与机会，并有利于增强现代农业的文化内涵与教育功能及示范辐射作用，从而改善城乡关系，促进都市与人类的可持续发展，达到改善和提高整个社会的福利水平。

社会功能主要表现在以下几方面。

1. 就业增收功能

都市农业起着社会劳动力蓄水池和稳定减震器的作用，通过开发利用农业多种资源，发展农产品加工、流通及相关产业，挖掘农业生产多种领域的“容人之量”，拓宽农业产业多环节的“增收之道”，对促进社会的稳定发展，城乡居民就业，农民增加收入和全面协调发展都有着重要作用。

2. 旅游休闲功能

农业观光、休闲旅游是都市农业的重要组成部分。在都市内保留一些农地空间，开发农业旅游产业，既为城市增添绿色，改善都市生态环境，又为市民提供旅游休闲活动空间，增加减轻工作及生活压力的新渠道，达到舒畅身心，强健体魄的目的。随着人们生活质量的改善和工作节奏的加快，到秀美田园和清新自然环境中陶冶情操、修身养性的愿望越来越强，走进自然、亲近自然、享受自然的人越来越多。

3. 文化传承功能

通过人们亲自体验农业活动能够加深对农业中特有的风俗、文明的理解，使农业文明得以传承和发展，从事都市农业活动可以直接对都市市民及青少年进行农技、农知、农情、农俗、农事教育，提供机会让都市市民和青少年了解现代农业科技，体验农村风俗，了解农村文化，促进城乡文化交流，培养人们对大自然及科学的热爱之情，在回归自然中获得一种全新的生活乐趣。

4. 示范辐射功能

都市农业是一种特殊形态的现代农业，因为它处在科技、物资、人才密集，国际国内交往频繁的辐射功能强的大都市，而具有显著的示范、展示、辐射、带动作用。

三、生态功能

生态功能主要是指发挥洁、净、美、绿的特色，营造优美宜人的生态景观，改善自然环境，维护生态平衡，提高生活环境质量，充当都市的绿化隔离带，防治城市环境污染以保持清新、宁静的生活环境，并有利于防止城市过度扩张。

生态功能主要表现在以下几个方面。

1. 保护生态功能

都市农业通过在都市开辟城市森林，创立公用绿地，建设环城绿带，开设观光景点，建立起人与自然、都市与农业高度统一和谐的生态环境，净化水质、土质和空气，为城市人创造一个优美的生存环境，减少（减轻）“水泥的丛林”和“柏油的沙漠”对都市人带来的烦躁与不安，真正起到“城市之肺”的作用，为市民制造氧气，为城市降温净气，提高市民的生活质量。同时农林牧副渔综合发展，多种作物实行轮作，也符合循环型经济发展规律，因此都市农业净化环境的机能是难以估量的，作用巨大。

2. 增加景观功能

城市不仅需要有强大的物质力量，也需要有错落有致的景观。都市农业通过发展景观绿地，增加绿色植被以及创立市民农园、农业公园，成为城市重要的绿色屏障。在山区城市，体现绿化的是绿地、树林；而在平原城市，体现绿化的则是农业。如水稻田就是城市长期的、稳定的季节性湿地，是有生命的基础设施，也是城市的一大景观，农业是城市的背景和衬托，离开它，城市就会孤单。

3. 防御灾害功能

都市人口密集，建筑物多而高，都市农业在城市中预留的农田在灾害发生时可起到适当疏散空间、减少（减轻）灾害的作用。即使一旦发生灾害，农地也可以用作暂时避难所。

此外，都市农业的农田，还可为未来都市进一步发展预留空间。

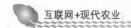

第三节 我国都市农业实践与发展

一、都市农业在我国的发展

1988年，首次全国“都市农业研讨会”在北京召开，标志着我国开始了都市农业的理论研究活动。我国大城市进行现代都市农业的实践探索始于20世纪90年代初，形成了比较典型的上海模式和北京模式。

1. 上海市都市农业的发展

上海发展都市农业的定位是基于都市规模扩大，制造业逐步外移，城市环境质量恶化，农业发展面临发展与空间、发展与效益、发展与需求的矛盾而确定的。近几年来，上海在浦东孙桥、闵行马桥、宝山罗店、东海农场以及南江新场等五处试点，应用高新技术构建设施农业，分别从荷兰、以色列引进了五套自控温室工程，采用无土栽培、天然雨水灌溉、电脑温控、园艺化生产等当今世界最先进的农业科学技术开展了以种苗工程、温室工程、生物疫苗和生物农药工程、绿色工程为主要内容的研发和建设，取得了很大的成果。

2. 北京市都市农业的发展

北京市明确提出要以现代农业作为“都市经济”新的增长点，功能定位为食品生产基地功能、生态屏障功能和休闲度假功能。北京的“都市农业”实验区分为生产区、储藏加工区、娱乐区、观赏区、高科技区，并且在日光温室建设方面、灌溉技术方面和测土配方施肥技术的应用方面取得了巨大的进步，为绿色的健康都市农业的建立迈进了一步。

3. 其他城市都市农业的发展

与此同时，其他城市，如南京、广州、天津、武汉、重庆等地也均在努力培育“都市农业”，南京市都市农业在突出生产功能的同时，重视强化和拓展生态、休闲两大功能。其中，休闲农业作为南京市都市农业发展的突破口，成效显著，2008年，全市休闲农业产值12.3亿元，农民来自休闲农业的人均收入达到167元。2008年，广州市都市农业总收入1375亿元，同期增长10%，都市农业总产值1080亿元，同期增长5%。其中，反映都市农业生产水平的特色农业产值和高新技术农产品产值分别达到129亿元和25亿元，分别增长3.2%和4.3%。

二、都市农业典型事例

【案例1】

京津冀都市农业的发展现状与战略选择

一、京津冀都市圈农业发展总体情况

京津冀都市圈农业布局基本形成以城市建设为核心，以农业的主导功能为依据，北京、天津、河北农业布局基本形成。北京市立足于“服务首都、富裕农民”的都市型现代农业定位，确定了“五个圈层”的发展布局。近年来，发展保护地栽培以推进设施农业的发展，发展外向型经济以推进创汇农业的发展，开发各种乡村旅游资源以推进旅游农业的发展，形成集生态农业、生活农业、生产农业于一体的都市农业格局，并依托其科技、人才优势不断辐射到天津、河北两地。天津依托其独特的区位优势和资源优势，积极转变传统的城郊型农业为都市型现代农业，大力发展沿海都市型农业，城市规模日益扩大、农村城镇化水平逐年提高、农业产业化水平不断提高、农村道路和通讯等基础设施不断完善。服务市民休闲游憩的功能还未充分发挥，市民对农业观光休闲的需求迫切，休闲观光农业方兴未艾。河北省依托产业、资源及独特区位优势，瞄准服务京津市场，大力发展“城郊—都市型”现代农业。如永清县已建设绿野仙庄、天圆山庄、民盛园等休闲观光采摘园10多个，带动当地百姓增收。

农业综合效益稳步提高，近年来，以设施农业和休闲农业为代表的都市农业快速发展，农业基础设施不断完善、农业科技应用水平不断提高，推进农业规模化、专业化、标准化发展，劳动生产率和土地产出率也显著提高，带动京津冀地区农民收入快速增长。2012年，北京农业总产值395.7亿元，同比增长2.9%；天津农业总产值375.6亿元，同比增长3.2%。北京农民人均纯收入16 476元，增速较快，居全国前列；天津市全市人均可支配收入达到13 571元，同比增长14.1%，高于城市居民收入增幅的4%，创历史最高水平；河北省农民人均纯收入达到8 081元，同比增长13.5%，同样高于城市居民收入增幅。

农业与二、三产业融合发展日趋明显。近10年，京津冀经济地区凭借区位优势和经济优势，加大科技投入，利用市场机制优化配置资源，发挥农业的多功能性，设施农业、创意农业、农产品加工业、观光休闲农业等都市农业产业发展壮大。依托城市广阔的消费市场和要素供给市场，农村、农业和旅游、文化联系得日益紧密，逐步形成独特的从田间到餐桌、从原料到成品、从生产加工到消费的产加销一体化经营和一、二、三产业融合发展的都市圈都市农业产业体系，城市之间的互动更加频繁，现代生产要素开始在行政区域间优化配置和流动。一方面，农业与加工业、物流业、服务业、旅游业等产业紧密联合在一起；另一方面，农业内部结构渐趋合理，不断由数量型农业向效益型农业转变，蔬菜及食用菌、瓜类及草莓等产业发展良好，供给量比较稳定，苗木、药材等新兴产业迅猛发展。以北京为例，到2012年，全市农业总产值为395.7亿元，其中种植业166.3亿元，林业54.8亿元，牧业154.2亿元，渔业13亿元，服务业7.5亿元，分别占全市农业总产值的42%、13.8%、39%、3.3%、1.9%。

二、京津冀都市圈农业产业发展现状

1. 设施农业

设施农业是京津冀都市农业的重要组成部分。由于土地资源的制约，北京、天津大力发展设施农业，京津冀地区以节能型日光温室为代表的现代设施农业的生产规模和水平均居全国前列。由于区域优势，河北省的规模性特点较为突出。

北京市设施农业逐渐形成“以线为主，线面结合”的发展模式，按照“市场导向、突出主体，集约发展、农民增收，集成力量、整体推进”的原则，稳步促进设施农业的健康发展。主要形式是温室、大棚、中小棚。与 2011 年相比，北京市总设施农业面积有所减少的情况下，温室设施农业面积增加 470 公顷，大棚面积也增加 250 公顷，中小棚设施面积则减少 928 公顷；设施农业装备水平不断提高，带动设施农业收入增加 14%左右。

天津市设施农业规模扩大迅速，生产效益显著提高。为推进设施的集中连片和规模化建设，各区县探索建立了互换、转包、转让、出租、入股等多种土地流转方式，初步形成一批集中连片的设施聚集区。而且有些聚集区已打破区县界限，规模化格局逐步形成。同时产业化、组织化水平显著提高。2008—2011 年，天津市投入近 200 亿元用于设施农业建设，建设 45 万亩高标准种植业设施生产基地、20 个农业园区、100 个现代畜牧业示范园和 55 个水产品养殖示范园，高标准设施农业面积达到 60 万亩，蔬菜设施化率达到 50%。

河北省发展设施农业不仅能够满足农民增收需要，同时也是保障京津“菜篮子”安全的需要。河北省通过政策扶持，大力发展设施农业，重点加大蔬菜生产大县扶持力度，设施农业在 10 年时间由 500 万亩上升到 1 000万亩。2011 年高效设施农业总面积已经超过 1 000万亩，奶业通过三年整治新建和扩建规模奶牛养殖场 1 237 个，数量超过前 10 年的总和，规模养殖比例达到

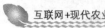

100%，使得蔬菜、鲜奶、肉类、水产品总产量分别达到7 560万吨、480万吨、435万吨和106.3万吨，河北省用不到百分之十的耕地面积提供了近七成的农业产值，发展设施农业是河北省农业结构深度调整的一个重要发展方向。

2. 农产品加工业

近年来，京津冀农产品加工业企业逐渐规模化发展，盈利能力显著提升，产业形态基本形成，集群效应日益凸显，并且形成了众多知名品牌，从原料基地、科技推动、产业化经营等方面实力都呈现稳步提升的态势，产业发展内在动力增强。京津两地依托其聚集资源的优势，吸引农业企业入驻；河北省充分发挥劳动力和土地优势，吸引农产品加工企业伴随一批农产品加工科研项目落户园区、进驻小城镇。

2013年，北京市共有各类农业龙头企业204家，固定资产11 058 515万元，销售收入35 952 059万元，净利润804 598万元，出口创汇183 319万美元，上缴税金1 226 552万元。销售收入100亿元以上的龙头企业7个，销售收入50亿元以上的龙头企业8个，销售收入30亿元以上的龙头企业12个，销售收入10亿元以上的龙头企业21个。

2012年，天津市共有农业产业化龙头企业440家，涉及肉类、奶制品、水产品、蔬菜和果品等加工企业，其中年销售收入超过1亿元的企业达到40家，市级及市级以上农业产业化重点龙头企业152家，其中国家级重点龙头企业19家。

2008年，河北共有农产品生产（加工）基地505个，年产值14 866 893万元，加工增值88.9%。全省市级以上农业产业化重点龙头企业达2 033家，其中，国家级龙头企业32家，省级重点龙头企业300家；龙头企业年销售收入达到1 910亿元，年销售额亿元以上的企业达到189家；龙头企业出口总额达7.85亿美元，利税总额112亿元，一批重点龙头企业已经跻身全国同行业前列。形成大名面粉加工、隆尧食品加工、赵县淀粉加工、清河羊绒（毛）加工、高阳纺织品加工、蠡县毛纺加工、辛集皮革加工、廊坊肉类加工、枣强皮毛加工、石家庄乳品加工等十大农产品加工产业集群，这些加工企业也成为河北省政府近年来的重点扶持对象。

3. 现代种业

2010 年中央农村工作会议上提出，要加快种业科技创新，做大做强民族种业。2012 年中央一号文件提出"科技兴农、良种先行"，进一步凸显种业基础性、战略性地位。经过不断努力，京津冀现代种业取得长足进步。北京定位"全国种业之都"，种业引领全国，天津种业快速发展，河北省则加快与北京科技企业、科研院校合作，建立籽种研发基地，籽种产业逐渐成为其现代农业发展重要内容。

北京从 20 世纪 70 年代末开始发展籽种产业，凭借得天独厚的科技、市场、信息、人才等优势，已基本确立全国种业"三中心一平台"的地位。科技创新中心，拥有研发机构 80 多家，每年引育农作物新品种约占全国 20%，保存国家级种质资源 40 万份，居世界第二位；企业聚集中心，是国内种业企业聚集密度最大地区，籽种经营企业 1 365 家，其中部级发证 28 家，占全国 11%；交易交流中心，2011 年北京种业销售额达到 83.38 亿元。搭建种业发展综合服务平台，辐射、带动效应显著增强；初步搭建起农作物品种试验展示网络框架，成为全国种业创新孵化和展示基地。

天津市依靠雄厚的育种科研实力，取得一批在国内处于领先水平的科技成果，试验、示范、推广一大批适应性强、丰产高效的新技术、新品种，同时积累丰富的品种资源材料。目前已形成蔬菜、畜牧、水产、农作物和林果等五大优势种业格局。天津市种业企业迅猛发展，截至 2010 年年底，农业种业企业共有 239

家，苗圃 3 178 处，种业产值为 24.05 亿元。其中：主要从事农作物及蔬菜种业持证企业共有 93 家，包括外资企业 1 家，内资企业 92 家，企业产值 4.5 亿元；畜禽良种繁育场 45 个，种业产值 10.4 亿元；水产苗种繁育企业 49 家（其中，海水苗种繁育企业 44 家，其他苗种企业 5 家），种业产值 1.4 亿元；林业共有苗圃 3178 处，产值约 3.85 亿元。

河北省依托农业园区，在现代种业方面显现出与北京合作的强劲趋势。2012 年，国家现代农业科技城良种创制中心河北良种创制基地在邯郸市漳河生态科技园区建成。北京大北农科技集团股份有限公司以推进籽种产业的创新与进步为目的，与河北玉田县合作在河北唐山国家农业科技园区建立农作物分子育种中心和作物分子育种田间试验基地。

4. 休闲农业

京津冀都市圈拥有发展休闲农业得天独厚的区位优势、资源优势、文化优势以及市场优势。总体来看，北京休闲农业的发展相对于天津和河北有较大优势，天津发展好于河北，京津等地乡村旅游发展很快，其产品规模、档次、品牌和市场成熟度远高于河北省，对河北省休闲农业发展形成了竞争性抑制和区域性屏蔽。虽然河北总体上略差于北京和天津，但是河北的石家庄和承德休闲观光农业发展迅速。

北京都市型现代休闲农业利用田园景观、自然生态及环境资源、农村设备与空间、农业生产场地、农业产品等直接可利用资源及农村人文资源等，在设计创新的基础上，发挥农业和农村的休闲旅游功能。北京休闲农业主要体现在农业观光园和民俗旅游业两大业态。

北京市民俗旅游是乡村民俗与旅游的有机结合，是文化和生活的复合体，是一种高层次的文化旅游，是都市型现代农业的重要形式之一。2008—2012 年北京从事民俗旅游实际经营接待户数呈减少趋势，但是民俗旅游接待人次逐年增加，民俗旅游总收入也呈现增长趋势。

2010年以来，天津市休闲农业在产业规模和产业效益方面都呈现良好的发展趋势，其产业类型也是丰富多样，区域布局趋于合理，品牌影响力不断提升。

2012年，河北省共有国家级休闲农业与乡村旅游示范县3家、示范点31家，年接待人数4 000万人次，总收入突破100亿元，年均增长25%以上。休闲农业与乡村旅游的快速发展，有效拓展“三农”空间，增强乡村经济实力，带动农村基础设施建设，更新农民思想观念，带动农民就业致富增收。河北省有400个乡镇和1 800个村落开展乡村旅游，带动村民直接就业15万人。71个省级以上乡村旅游示范点，年农民人均纯收入达到7 000元，是全省平均水平的1.8倍。

【案例2】

河北省张家口市高新区依托优势发展都市农业

随着城市化进程的不断推进，张家口高新区现代都市农业也悄然兴起，以蔬菜和花卉苗木为主的园艺特色产业和以旅游观光、休闲体验、生态餐饮为代表的生态旅游观光农业迅速发展壮大。每年向中心城区供应各类蔬菜5万吨，花卉400万株，吸引20多万城市居民观光旅游。

高新区以城郊农业作为突破口，以建设农业园区为抓手，大力发展特色农业，蔬菜种植面积达到2万多亩，创新性地推广“农超对接、农校对接、农厂对接”等新型产销模式，构建农产品从生产基地到餐桌的产销一体化链条。目前已与超市发、福隆等5家超市、蔬菜市场和3个镇的商贸连锁店建立了农产品直销合作通道。

通泰花木基地、流平寺村兰花基地、宏雨花卉种植专业合作社等花卉基地，每年为主城区供应各类花卉400万株。通泰花木基地不仅带动了周边区域的花木产业发展，还推动了以休闲、观光农业为主要内容的旅游业的发展。该区还依托明湖、市民广场、体育公园等景点，新建了沿河环湖农家乐特色餐饮20余家，特色采摘基地4个，200余名农民实现了就地就业，每年接待游客20多万人次。

三、都市农业发展存在的问题

1. 认识误区与重视不足

对都市农业的主观认识上，存在误区。现有的都市农业理论，大多以都市的发展需要为中心，认为都市农业应当是服从、附属于都市的农业，这在实践中表现为强调它对城市副食品供应保障、城市生态屏障的作用，而忽视了郊区县自我发展的规律和要求。我国政府对农业的投资总量逐年大幅度增长，但从我国农业投资占全社会固定资产投资的比例来看，比重却在下降。目前我国农业科研经费占农业总产值比重不到0.1%，农业技术推广费用占农业总产值比重不到0.2%，这不仅低于发达国家水平，也低于发展中国家平均水平，科技投入不足。加之市场体系的不完善、农业资源的流动性较差，在这种条件下，要进一步发展以知识、技术和产业化为特征的都市农业，难度可想而知。

2. 市场扭曲与功能错位

高新技术是都市农业发展的必然要求，但不是本质特性。如今全国各地兴建农业高科技园区，将都市农业的经济导向功能放在首位进行招商引资，但这并不是市场机制、竞争优势的体现。在都市农业的发展过程中，农业产品生产的经济功能不是主要功能，农业开发区的建设应该是生态、经济、文化等多种功能并重的，有时甚至经济功能应让位于示范性功能、生态保障和文化传播等社会功能。实践中，并没有几个真正具有巨大经济效益和社会效益的都市农业高科技园区，相反，这往往会导致农业经营中的短期行为，如经营者忽视农业基础的长期投入、快速耗尽土地肥力等特性，甚至出现类似广州“庄园”投资的诈骗现象。这在某种程度上造成了都市农业的市场扭曲，脱离了我国的现实需要。在主导功能的发挥上，许多城市一味地将旅游观光休闲功能作为都市农业的发展重点。而无论是从自然资源基础还是从城市居民持续性消费需求来看，目前我国能够实现这种功能的地区并不多，旅游观光休闲农业收入在农业收入中的比例也不可能超过农产品经济功能所带来的收入，旅游观光休闲业不可能成为都市农业的主体。因此，目前我国对都市农业的功能定位上存在错位现象。

3. 发展资源有局限性

(1) 都市农业的发展缺乏获取土地途径的有限性。城市化的发展和城市的扩张是以未利用地和农用地转换为城市建设用地为特征的。因此，城市土地利用规划往往不会预留都市农业用地，导致许多自给型的都市农业用地都属于非法用地。

(2) 都市农业基础设施不足尤其是农业所需水源不足。政府在投资基础设施建设时往往会优先发展人口密度较高的地区，导致分布在人口密度较低地区的都市农业在道路、交通、能源等基础设施方面的缺失。

(3) 都市农业的有效人才供给不足，科技推广难。农村的科技人员特别是会计师、农艺师等实用技术人才短缺，许多农民竞争意识、法制意识过于淡漠，这些都导致了都市农业所需劳动力得不到有效供给。

(4) 缺乏有效的市场机制和充足的资本供应。一方面，在现有的农村土地制度下，没有形成土地或土地使用权市场，农业经营领域的自由竞争和破产兼并机制几乎不存在，使具有规模效益的都市农业难以在竞争中形成。另一方面，现行信贷制度垄断性僵化性和歧视性，限制着对都市农业发展的资本供应，使都市农业发展起步困难。原有的农村金融（信用社）经营水平不高，服务落后，信用担保机制不健全，难以满足农村地区发展都市农业的金融需求。

4. 缺乏规划和扶持

目前我国都市农业缺乏统一规划、统筹不足，通常表现在都市农业发展过程中种植业结构雷同，聚集开办各种观光农园，把农业观光区变成度假区；园区缺少规划设计，园区建设和布局杂乱，园区间协调性差，配套缺乏以及没有整体性等。目前，我国还没有一个专门的部门对城市农业进行监督和管理，因此职责不清和监管不力的现状使得都市农村的发展和运营有些混乱。此外，农民的组织化程度较低，农产品产销脱节，真正的农民的专业合作化经济组织不健全，在培训和推广、信贷、市场销售及建立小企业等方面缺乏政府的扶持和指导，尤其是缺乏针对性的适合都市条件下的农业生产技术指导。

四、规范发展我国都市农业的对策建议

1. 加强政府规划与扶持

我国都市农业还需要政府的引导与规划。实行行政干预与超前引导相结合、利益牵动和积极引导相结合、完善运行机制与强化约束机制相结合的办法，抓好龙头企业，发挥其联动效应带动农民进行生产经营。同时，也可用政策宣传、信息服务等手段加强引导，使农民自觉参与到都市农业的运作中来。另外，都市农业中对道路、灌溉设施、水资源等共有财产的要求较高，而农户作为理性经济人，在追求个人利润最大化的同时，造成这些产品配置低效率。这就要求政府对都市农业微观主体进行卡尔多补偿，弥补社会效益和私人效益之差，把都市农业与工业反哺农村结合起来，加快农村和农业基础设施建设，增加对农业发展的投

入和扶持。

2. 建立多元化的投、融资体系

都市农业是资本有机构成较高的产业，单纯依靠农民很难完成资本积累的过程，需要动员各方力量，逐步建立起政府投入为先导、企业和农民投入为主体、信贷投入为驱动力、外资投入为补充的多渠道、多层次、多元化的都市农业投资、融资体系。政府支农资金在增加总量的同时，应进一步优化资金投入使用结构。制定优惠政策，鼓励社会资金参与都市农业开发，鼓励个人投资，高等院校和科研院所可以技术入股。与此同时，进一步扩大对外开放力度，吸引外商独资或合资参与都市农业建设，大力吸引外国资金、技术和人才，积极促进投资的多元化。金融部门可会同有关部门制订信贷资金支持都市农业的具体办法，如建立企业信用互助联户担保体系，解决都市农业运转、发展所需资金。

3. 完善都市农业的高新技术产业化机制

在都市农业经营过程中，有关部门应进一步完善产业化利益调节机制，探索在龙头企业、基地和农户之间形成“利益均沾，风险共担”的利益共同体机制和办法，保护农民利益。其关键是要健全产业化经营的约束监督机制，强化合同监督，规范产业化各市场主体的经营行为。另外，构建都市农业科技创新体系，包括高效的科研机制、科技推广机制、科技产业化运行机制和风险控制机制等。建立政府支持与市场导向相结合、技术供给与需求双向互动、农科教结合、科技链和产业链联动的农业技术创新模式；同时，组建各种技术创新组织，加快创新成果实用化、产业化。

4. 实现多功能经营模式

过于偏重观光旅游功能的运营模式，设施人工化、活动商业化、游客周期化情况较为突出，不利于都市农业的持续发展。在都市农业化的发展中，应鼓励发展以生产功能为主、兼生态科教、服务就业等功能为一体的都市农业模式。例如，以农业资源高效利用和农业生态环境保护为目的，综合应用种子工程、平衡施肥工程、精确灌溉技术等高科技的精准农业模式。围绕都市农业的多功能性进行农业经营模式的转换，一是要改善种植业的内容和结构，注重土地的可持续发展；二是突出资源禀赋优势，整合各区域间都市农业发展战略，融合成为一个有机的统一体；三是要加快农业关联部门的发展步伐。加强农业信息化建设，建设起覆盖全国的、信息面广、辐射能力强的都市农业信息系统；发展农产品加工配送中心，提升产销地农副产品批发市场。

5. 发展合作经济组织

合作制经济是加快发展都市农业的重要途径。合作社按产业化组织生产，引导农民进入市场，是农业现代化建设的重要内容。目前，要坚持自愿、互利、民主、服务的原则，组织农民参与兴办各种类型的合作经济组织。一方面以现有的龙头企业为依托，吸收农民入股、入社，组成与龙头企业连心、连利、连风险的合作经济组织；另一方面以供销社为依托，加强专业合作社建设，建立新型的合作关系。

第四节　生态农业的内涵及特征

一、生态农业的内涵

“生态农业（Ecological Agriculture）”一词最初是美国土壤学家 W. Albreche 于 1971 年提出的。这一术语同 20 世纪 70 年代美国和西欧发达国家提出的多种替代农业一样，最初只是针对西方现代“石油农业”或“工业式农业”对资源和生态环境产生破坏的问题提出的，是替代农业中的一种类型。同期，国际学术界出现“诸子百家”的局面，出现的替代类型多达数十种，生态农业、生物农业、有机农业、自然农业等类型在世界各地至今仍然拥有自己的研究阵营和试验基地。William Albreche 认为施用有机肥，有利于建立良好的土壤条件，有利于作物健康；少量施用化肥，对作物营养有利，但不能使用化学农药，因为在达到杀虫浓度时，它已对环境造成污染。1981 年，英国农学家 M. K. Worthington 对“生态农业”提出了新的认识。她认为生态农业是生态上能自我维持、低输入，经济上有生命力，在环境或伦理和审美诸方面不产生大的、长远的及不可接受的变化的小型农业系统。主张“尽量”施用有机质肥料，在“自然”状态下种植、养殖；主张“尽量”利用各种可再生能源的外部“低输入”，但并不拒绝使用农业机械。

由于“生态农业”一词是从生产系统的角度提出的，从农业生物与环境之间的相互关系上定位命名，又与“生态环境”在词义上相关联，其概念具有较强的时代性、系统性和广泛性，因而，受到越来越多的学者的重视和接受。在 20 世纪 70—80 年代至今，世界上大多数国家的学者均进行了研究和试验，生态农业得到了广泛认同。一些学者建议：不论是美国的生态农业、有机农业，欧洲的生物农业、生态农业、生物动力农业、低投入农业、超石油农业等，还是日本的自然农业等替代农业类型，在内涵上和做法上均无本质的差别，可以统称为生态农业。其共同的特征是：第一，发达国家的替代农业类型都是针对常规石油农业带来的资源与环境问题而提出的，实施替代农业的首要目的都是为了减缓和解决资源和环境问题；第二，在做法上都非常注重农业生态系统的保护，以有机物还田和作物轮作为基础，倡导豆科植物、绿肥和秸秆还田，对病虫草害主张采用生物防治，禁止使用或少用人工化学制品，如农药、化肥、激素类等，主张低投入以减少能耗，降低成本。

1980年，在宁夏银川召开的全国农业生态经济学学术讨论会上，指出生态农业是我国实现农业现代化的重要战略思想。1981年，我国著名农业经济管理和生态学家叶谦吉发表了“生态农业决策分析”一文，提出建设中国特色的生态农业；1983年，石山、杨廷秀等学者发表了“生态问题与开创农业新局面”一文，提出了建设中国生态农业的设想。之后，“生态农业”的概念在学术界广为讨论，并引起我国政府的高度重视。

绝大多数学者赞同和倡导在我国发展生态农业，认为生态农业在我国大有可为，发展生态农业对荒漠化治理、脱贫致富、食品安全、资源合理利用、土壤质量变化及应对加入WTO和农业生态环境建设等具有直接作用和重大意义。也有的同志对其有一些不同看法，认为中国生态农业与国外生态农业不同，我国生态农业相关概念和内涵不清，容易造成混乱，加上技术疲软，又缺乏自己的理论体系，不应盲目倡导。这种争论大大促进了生态农业朝着既适合我国国情又不断完善自身的方向演化，促进了中国生态农业的健康发展。

在生态农业的概念与理论支撑体系问题上，大家的看法很多，讨论更为热烈。总体上表现为由简单化向综合化发展的过程。有人简单地把这一过程归纳为几个相关的发展阶段：即：“生态农业=生态+农业”，“生态农业=生态+农业+经济”，“生态农业=生态+农业+经济+工程”。这实际上反映了中国生态农业的概念、内涵不断完善、深化和不断适合中国国情的发展过程，这符合新生事物发展的一般规律。中国生态农业的理论体系也正是在这一过程中逐步发展成熟的。

目前较一致的看法是：生态农业是把农业生产、农村经济发展和生态环境治理与保护、资源培育和高效利用融为一体的新型综合农业体系。它以协调人与自然关系，促进农业和农村经济社会可持续发展为目标，以“整体、协调、循环、再生”为基本原则，以继承和发扬传统农业技术精华并吸收现代农业科技为技术特点，强调农林牧副渔大系统的结构优化，把农业可持续发展的战略目标与农户微观经营、农民脱贫致富结合起来从而建立一个不同层次、不同专业和不同产业部门之间全面协作的综合管理体系。显然，中国生态农业是建立在生态学原理基础之上的集经济科学、系统工程等学科的方法与理论于一体的具有中国特色的农业生产体系。卢永根院士和著名生态学家骆世明教授提出凡是把生态效益列入发展目标，并且自觉地把生态学原理运用于生产之中的农业，都可以称为生态农业。

20 世纪 80 年代中期以来，在一批科学家的积极推动、各级政府的大力支持和广大农民的积极参与下，具有中国特色的生态农业建设轰轰烈烈地开展起来，形成了一大批技术、模式与示范推广基地，诞生出一批样板与典型，对我国农村经济和农业的发展起到了重要作用。与此同时生态农业的概念与内涵也不断得到发展与完善。

二、生态农业的特征

生态农业是向着健康、环保、安全方面发展的新型农业，它通过生态与经济的良性循环，对各类农作物进行综合搭配，有效利用农业资源，最大限度地减少农业资源消耗，防止生态环境污染。与传统农业相比，生态农业主要有四个特点：

1. 综合性

生态农业强调发挥农业生态系统的整体功能，以大农业为出发点，按“整体、协调、循环、再生”的原则，全面规划，调整和优化农业结构，使农、林、牧、副、渔各业和农村一、二、三产业综合发展，并使各业之间互相支持，相得益彰，提高综合生产能力。

2. 多样性

生态农业针对我国地域辽阔，各地自然条件、资源基础、经济与社会发展水平差异较大的情况，充分吸收我国传统农业精华，结合现代科学技术，以多种生态模式、生态工程和丰富多彩的技术类型装备农业生产，使各区域都能扬长避短，充分发挥地区优势，各产业都根据社会需要与当地实际协调发展。

3. 高效性

生态农业通过物质循环和能量多层次综合利用和系列化深加工，实现经济增值，实行废弃物资源化利用，降低农业成本，提高效益，为农村大量剩余劳动力创造农业内部就业机会，保护农民从事农业的积极性。

4. 持续性

发展生态农业能够保护和改善生态环境，防治污染，维护生态平衡，提高农产品的安全性，改变农业和农村经济的常规发展为持续发展，把环境建设同经济发展紧密结合起来，在最大限度地满足人们对农产品日益增长的需求的同时，提高生态系统的稳定性和持续性，增强农业发展后劲。

三、发展生态农业的重要意义

现代农业和农业可持续发展有着十分重大的现实意义，这主要表现在以下几个方面：

1. 有利于加快农村经济繁荣发展

从生态农业的内涵和特征分析得出，生态农业要求调整农业内部结构，实行以一业为主，多业结合的模式，农、林、牧、副、渔全面协调发展，不断调整农业生态系统的空间结构，模拟生态系统的“链网”现象，合理配置资源，不断调整农业生态系统的时间结构，充分利用时间，合理配置农业生物资源，因而能大大提高劳动生产率、土地利用率、土地生产力和资源利用率，大大提高经济效益，促进农业和农村经济发展。

2. 有利于开发和利用农业资源

提高农业生产的综合效益是实现农业持续、稳定、协调发展的战略措施。发展生态农业，可以避免掠夺式经营和滥用、浪费资源的现象，对农业的可更新资源给予增值和永续利用，对不可更新资源给予保护和节制利用。生态农业能大大提高劳动生产率、土地利用率、土地生产力和资源利用率，从而能大大提高经济效益，满足人们对农产品不断增长的需要。因此，生态农业的发展不仅促进生态良性循环，为农业发展创造良好的生态环境，同时也必将促进整个国民经济的全面发展。从另一方面来说，发展生态农业，能更快地推动绿色食品开发。21世纪是一个“绿色”世纪，随着人们环保意识的增强，价值观念的转变，崇尚自然、注重安全、追求健康的思想将首先影响人们的消费行为；在国际贸易领域，对食品卫生和质量监控越来越严，食品生产方式及其对环境的影响日益受到重视，因而开发绿色食品成为一种趋势。生态农业注重环境的保护和建设，这既可以消除常规农业的一些负面影响，为发展绿色食品开发创造了良好的生态环境前提条件，又为绿色食品的开发提供了有力的技术支持，因此，生态农业建设是开发、生产绿色食品的有效方式和途径。

3. 有利于保护和改善生态环境

生态农业立足于全部土地和光温水等自然资源的合理开发利用，要求发展生态农业地区的林木要有一定的比例成片林、农田林网、道旁绿化等，从而增加森林覆盖；要求采取生物、水利工程或耕作制度变换等措施控制水土流失；建立基本农田保护区，保护耕地，用地养地结合、秸秆还田、增施有机肥等，加强中低产田改造要与土地利用总体规划相结合，保护土地资源；要求将自然资源特别是生物资源转化成饲料、肥料及燃料，也就是要提高农业系统内部资源的利用率，尤其是有机废弃物资源如秸秆畜粪便的利用率，减少对外投入的依赖，减少农业生产过程中的污染，减少化学农药的使用量。可见，生态农业对农业和农村生态环境给予了足够的重视。在我国，经过多年的生态农业建设，试点地区的农业和农村生态环境得到了较大的改善。农业生态环境得到改善，对于农业生态旅游是一个极大的推动和促进。农业生态旅游是一种以保护自然生态环境为基础，以开发田园旅游资源为重点，把农业与旅游业结合在一起的一种新兴产业，它不仅具有生产性功能，还具有改善生态环境质量，为人们提供观光、休闲、度假的生活性功能，是一种以农业和农村为载体的新型生态旅游业。随着人民生活水平的提高，闲暇时间的增多，生活节奏的加快以及竞争的日益激烈，在喧闹纷扰的城市环境中较少享受到清新空气和开阔视野的人们渴望多样化的旅游，尤其希望能在典型的农村环境中放松自己，农村的生活环境和自然风光越来越成为城市居民的一种追求。生态农业则是在运用资源利用、农业环境保护和污染治理等生态农业技术对农村的农田、旱地、果园等进行科学性地建设的过程中，对天然林地、草地、地形地貌等自然景观以及大气质量、水质量、气候条件等要素产生良性循环的影响，同时也产生出许多美丽的自然、丰富多彩的田园景观，这些组合成为农业生态旅游的旅游资源核心。

4. 有利于农民增产增收

当前解决“三农”问题的关键是怎样使农民增收，而生态农业是实现农民增产增收的有效途径。生态农业是促进物质在系统内部的循环利用、保护农村生态环境、维护农业生态平衡的可持续发展的农业，是一种农、林、牧、副、渔各业组合生产及其产品加工业的综合大农业。目前，在农民收入提高缓慢的情况下，如何充分、合理利用自然资源，持续、稳定地发展农业生产，增加农民可持续收入，同时又保护和改善农村生态环境、维护农业生态平衡，已成为当前我国加入 WTO 后，我国农业发展的重大问题。实践证明，传统农业解决不了这一问题，石油农业虽使农业的生物学产量大为提高，但给农业环境带来的问题在某些方面更为严重。而只有发展生态农业，才是农业发展和乡村建设、农村环境保护的正确道路，才是稳定农民可持续增产增收的保证。据报道，近年来，广西壮族自治区灵山县陆屋镇把沼气建设作为推进新农村建设的重要内容来抓，帮助农民大力发展沼气池建设，着力改善了农民的生产生活。该镇采取“养殖+沼气+种植”的生产发展模式，引导农民通过沼气池建设，利用沼液发展种植蔬菜、水果、甘蔗和养鱼等，大力发展生态农业，成为该镇新农村建设的一个亮点。目前，该镇已建设沼气池达 4 650多座，沼气池建设切实推动了该镇生态农业的发展和农业增产农民增收，进一步净化了农村环境，改善了农民的生活条件。该镇企石村种养大王陈平承包了一个水库和果山 100 多亩搞起了立体养殖业，每年养猪 40 多头，养鸭 20 000多羽。过去其每年花在购买肥料和柴草的费用达 2 万多元。自从建了沼气池后，利用沼气烧火，沼液作肥料每年就等于多赚了 2 万多元。因而，发展生态农业是农业增产、农民增收的重要途径。

同时，大力发展生态农业，还能有效扩大农村剩余劳动力就业门路，从而为农民增产增收、发家致富提供另外一种途径和方式。对我国农村的剩余劳动力而言，实施生态农业具有重大现实意义，因为生态农业扩大了农业的内涵，为农村劳动力提供了更多的就业门路。比如生态农业强调物质、能量的多级循环、深层次开发利用，必然会派生一系列新的产业，而且具有劳动力集约的鲜明特色。又如饲料产业、再生肥料和商品有机肥产业、食用菌产业、生态工程技术服务产业、农副产品深加工产业、农业废弃物综合利用和可再生能源产业等，这些新兴产业和特色产业能极大限度以吸收劳动力资源，有效地扩大农村劳动力就业门路，保障农村社会稳定。近几年来，我国生态农业在有机废弃物综合利用技术组装方面的创造，特别是南、北方“猪—沼—果”和“四位一体”两大基本模式的形成，派生出了一系列新的产业，这就为农村剩余劳动力创造了新的就业机会。

第五节　生态农业的基本理论、模式及技术体系

一、生态农业的基本理论

生态农业是一个融自然、经济、社会于一体的综合生产体系，它注重系统内部各组成部分之间的协调和系统水平的最适化，注重系统的稳定性，以最小的成本获得最大的经济、生态和社会效益，因此，它需要一个科学完整的理论体系于以支撑，实现其目标的指导思想。

1. 生态效益与经济效益统一原理

生态农业是人类的一种经济活动，目的是为了增加产出和经济收入，而在生态经济系统中经济效益和生态效益的关系是多重的，既有同步关系，还有背离关系，还有同步与背离相互结合的关系。在生态农业中，为了同时取得高的经济效益和生态效益，就必须遵循：①资源合理配置原则，应充分合理利用国土，这是生态农业的一项重要任务。②劳动力资源充分利用原则，在农村生产劳动力大量过剩的情况下，一部分农民从事农产品加工、农村服务业与土地分离。③经济结构合理化原则，既要符合生态要求，又要适合经济发展和消费的要求。④专业化，社会化原则，生态农业只有突破了自然经济的范畴，才可能向专业化和商品化过渡。

2. 生物与环境协同进化原理

生态系统中的生物和环境不是孤立存在的，生物与环境的关系是生态系统中最基本的关系，二者是不可分割的统一体，它们

之间有着密切的相互联系和复杂的物质、能量交换关系。环境为生物的存在提供了必要的物质条件，生物为了生存和繁殖必须从环境中摄取物质与能量，如空气、光、水分、热量和营养物质等，与此同时，在生物生存、繁殖和活动过程中，也不断地通过释放、排泄及其他形式把物质归还给环境，环境影响生物，生物也影响环境，而受影响改变的一方又反过来影响另一方，如此反复进行从而使两方不断地相互作用、协同进化。生态农业利用这一原理，充分利用具体生态环境条件，安排适当的生物种群，以获得较高的生产力和收益。

3. 生物之间链索式的相互制约原理

生态系统中的众多生物通过食物营养关系相互依存、相互制约，例如从绿色植物到食草动物再到食肉动物，通过捕食与被捕食的关系构成食物链，多条食物链相互交错、连接构成了复杂的食物网，由于它们相互连接，其中一个链节的变化都可能影响其他的链节，甚至会影响到整个食物网。在生物之间的这种食物链关系中有着严格的量比关系，处于相邻链节的生物，在个体数目、生物量上均有一定比例，通常前一营养级生物能量转化成后一营养级生物能量的比例为 10∶1。中国生态农业遵循这一原理巧接食物链，能最大程度挖掘资源潜力。

4. 能量多级利用与物质循环再生原理

生态系统中的食物链既代表了能量的流动、转化关系，也代表了物质的流动、转化关系，从经济上来看还是一条价值增值链。根据能量物质逐级转化 10∶1 的关系，食物链越短、结构越简单，它的净生产力越高。在农业生态系统中，由于人类对生物和环境的调控及对产品的期望不同，必然有着不同的表现和结果，例如对秸秆的利用，直接返回土壤，经过很长时间发酵分解才能发挥肥效，参与再循环，而如经过糖化或氨化过程使之成为家畜饲料，利用家畜排泄物培养食用菌，生产食用菌后的菌糠又用于繁殖蚯蚓，最后将蚯蚓利用后的残余物返回农田作肥料，使用于生物食物和排泄未能参与有效转化的部分能得到利用、转化，从而使能量转化效率大大提高。

5. 结构稳定性与功能协调性原理

自然生态系统中，经过长期的相互作用，在生物与生物、生物与环境之间，建立了相对稳定的结构，具有相应的功能。生态农业要提供优质高产的农产品，必须建立稳定的生态系统结构。为此，要遵循：①发挥生物共生优势原则，如利用蜜蜂采蜜和传授花粉的优势，把果树栽培与养蜂结合起来，以及稻田养鱼，鱼稻共生，都可以在生产上和经济上起到互补作用。②利用生物相克以趋利避害的原则，如利用猫来治理田间鼠害。③利用生物相生相养的原则，如利用豆科植物的根瘤菌固氮、养地和改良土壤结构等。这种生物与生物、生物与环境之间相互谐调组合保持一定比例关系而建成的稳定性结构，有利于系统整体功能的充分发挥。

6. 整体性原则

系统是由若干要素组成的具有一定新功能的有机整体，各个作为系统子单元的要素一旦组成系统整体，就具有独立要素所不具有的性质和功能，从而表现出整体的性质和功能不等于各个要素的性质和功能的简单加和。生态农业系统中各组成部分具有其独立的功能，但是这些部分之间的互动，又将这些功能实现整合优化，使得整体效益大于各部分功能之和。

7. 限物因子原理

一个生物或一群生物的生存和繁荣取决于综合的环境条件状况，任何接近或超过耐性限制的状况都可以说是限制状况或限制因子。比如地球温度升高，导致一些生物必须改变其生存的方式。生态农业可以利用这一原理，规范各种生物的生长，优化各种资源的配置。

8. 生物链原理

指的是由动物、植物和微生物互相提供食物而形成的相互依存的链条关系。生物链技术，就是依据生态学原理，按照经济规律，以沼气、微生物、生物技术为纽带，将种植和养殖、新能源开发和环境保护各项技术有机地结合起来的一项新技术。它科学地利用生物机能，寻求最佳模式，充分提高资源转换和能源使用率，挖掘物质的潜在能量，以最小的投入获得经济、能源、环保最大的综合效益。这是一项创造良性农业生态模式的系统工程项目，也是探讨生态农业领域的一个有益的尝试。

二、生态农业模式

生态农业是在适应农业可持续发展战略与持续农业基础上发展起来的，它是以农业资源的合理利用、农业生态环境的有效保护为目标的高效、低耗、低污染的农业发展模式。随着世界经济的快速发展及人口的剧增，人类社会对资源需求也在不断增加，从而导致各种资源利用的冲突，出现了资源环境退化、环境质量恶化、经济收益减少等一系列问题。为此，在持续农业思想的指导下，各种生态农业模式在我国迅速发展，成为中国农业可持续发展的途径。

1. 生态农业模式的概念

根据我国生态农业模式的特色，将我国的生态农业模式概括为以农业可持续发展为目的，按照生态学和经济学原理，根据地域不同，利用现代技术，将各种生产技术有机结合，建立起来的有利于人类生存和自然环境间相互协调、实现经济效益、生态效益、社会效益的全面提高和协调发展的现代化农业产业经营体系。

2. 生态农业模式的类型

由于农业系统及其组成要素的多样性和复杂性，目前尚无统一的分类体系。对生态模式分类往往根据研究内容的需要，从生态、经济条件，结合当地的生产实际进行因地制宜地划分。

目前我国生态农业模式主要根据区域规模、自然和社会经济条件以及主产品或主要产业三种分类标准加以划分。

根据生态农业建设的区域规模或行政级别划分，如生态农业市、生态农业县、生态农业乡、生态农业村以及生态农业户等；按产业分有生态渔业、生态林业等；按自然地理条件和社会经济状况划分，可划分成平原型、山区型、丘陵型、水域型、草原型、庭院型、沿海型及城郊型等；按其功能分有水、土、林、田结合治理模式；按主要产品或主要产业划分，可划分成综合型和专业型；专业型以一种主要产品或产业为主，而综合型至少强调两种或两种以上的产业或产品。

3. 生态农业模型具体研究与分析

结合特定区域的特点可进一步的具体划分：

如赵秋义等人，将生态农业模式归为类生态食物链模式、生物共生互惠模式、立体经营模式、生态农业工程模式、农村能源合理利用模式和乡镇企业生态工程模式等。

孙鸿良等人结合模式所遵循的生态学原理将中国生态农业的主要种植模式划归为种类型南方稻田动植物共生模式（共生互惠原理)、农林间作或混林农收模式（地域性和生态位原理)、多种多收的时间结构优化模式（种群演替原理)、多层高效空间结构优化模式（生态学山地垂直气候分带及农田多种群相居而安原理)、基塘结合大循环模式边缘效应原理、生物能多层次循环再生模式（食物链原理及物质循环再生原理)、庭院立体经营模式、多样性有序性增强抗灾力模式（食物链、生态位和自适应原理、多样性意味着稳定性原理)、人工林复合经营模式和多系统、多种群结合提高整体效应模式等。

以上这些模式分类有的在同一个层次上分类标准不统一，

各种模式交叉、重复或者遗漏情况较多，有的包含的范围小，不能包含我国现有的模式类型，有的范围太大，在研究和构建以模式为特色的我国生态农业标准体系框架中不利于掌握和控制。实践证明，由于生态农业具有明显的因地制宜性，不同地区的气候、资源以及其他社会资源的差异，很难在全国形成一个普遍适应的模式，因此研究和利用各类生态农业模式，分类标准至关重要。

李金才借鉴我国学者对生态农业模式分类的成果，并根据我国农业发展特色，社会经济发展水平和资源状况，将我国现有的生态农业模式分为以下 4 种类型：物质多层利用型、互利共生型、资源开发利用与环境治理型、观光旅游型，并将每一生态农业模式类再分为多个生态农业模式型。

三、生态农业的技术体系

根据生态农业类型、模式对技术的要求，生态农业技术可归纳为：

1. 资源节约技术

资源节约是高效生态农业的基础。资源节约技术，主要包括：节地技术，如采用传统农业的间、混、套作技术；节水技术。采用滴灌、渗灌、管灌技术等；节肥技术。采用测土配方施肥技术、平衡施肥技术、专用肥技术等；节能技术。采用少耕、免耕技术等。

2. 水肥调控技术

土壤中的热、水、气、肥等肥力因素之间相互联系、相互影响。在农业生产，尤其是高效生态农业生产过程中，正确处理水肥间的关系，对促进作物生长、提高产量和效益具有重要作用。

3. 生物养地技术

持续维持、提高土壤肥力，对于持续提高作物产量至关重要。农业生产必须实行用地与养地相结合，才能做到“地力常新、肥力常高”。提高地力、培养肥力有很多途径、方法和技术，而实行生物养地则是既经济又环保的高效养地技术。生物养地技术，作为高效生态农业中的重要技术之一，特别强调：种植绿肥养地，如种植紫云英、肥田萝卜等；种植豆科作物固氮，如种大豆、花生、绿豆、豇豆、蚕豆、豌豆等，通过生物固氮，可增加土壤氮素含量；通过作物轮作和合理的间混套作等，均可起到养地的作用，此外，还可以克服我国目前农业对化肥的依赖。

4. 防灾减灾技术

一是发展避洪农业，减轻洪涝灾害危害；二是发展抗旱避旱农业，提高旱地农业生产力；三是改善农田水利基本条件，提高农业防洪抗旱能力；四是实行生物防治、生态减灾，防治农田作物病、虫、草、鼠害；五是增加农业投入，提高农业防灾、减灾和可持续发展能力。

5. 综合利用技术

中国农业资源丰富，但由于利用方式单一，资源利用率总体不高，存在浪费大、效益差的问题。如果能走资源综合利用的路子，则可大幅度提高资源利用率和农业生态经济效益。发展高效生态农业，就是要大力推广资源综合利用技术。就作物秸秆资源利用而言，如果实行综合利用，则可将作物秸秆资源作肥料、饲料、燃料、能源、工业原料，还可提炼药用成分等。如果以棉籽的综合利用为例，棉籽油可制备生物柴油，利用棉籽可制备高附加值产品棉酚、棉籽糖、维生素 E、木糖醇等。

6. 水土保持技术

中国是世界上水土流失严重的国家之一。发展高效生态农业，必须重视和推广水土保持技术。目前，水土保持技术主要有：一是生物措施，在水土流失区多种草栽树，种植生物篱，以增加地面覆盖减少水土流失；二是耕作措施，如改顺坡耕作为等耕作，还可实行作物带状间作，实行保护性耕作；三是工程措施，如实行坡面治理工程、沟道筑坝工程等。

7. 结构调整技术

结构决定功能，农业结构如何，直接决定农业的功能与效益。发展高效生态农业，必须高度重视农业结构调整，经济发展方式转变已成为"主线"的大背景下，农业结构调整已成为高效生态农业的重要内容和关键技术之一。具体来说，农业结构调整技术包括：一是调优，就是要将优质安全的农作物种类和品种调整过来，扩大面积、提高产量，满足人们需求；二是调绿，要大力发展绿色、环保、低碳的农业产业，生产出无公害产品、绿色产品、有机产品；三是调特，各地要因地制宜，大力发展特色农业、生产特色产品、形成特色品牌、产生"特有"效益；四是调高，加大农业科技成果推广力度，提高农业科技贡献率，提高农产品附加值，提高农业整体效益；五是调强，做强、做大农业企业，实行农业产业化，延伸农业产业链条，强化农业基础地位。

8. 能源开发技术

能源资源短缺，是新世纪世界各国面临的共同问题；保护环宽，是全球面临的共同任务。开发利用清洁能源、发展可再生能源，则是世界人民的必然选择。发展高效生态农业，尤其是重视新能源、清洁能源、可再生能源的开发利用：一是开发利用太阳能，如建造太阳能温室（包括阳光塑料大棚、日光温室、太阳畜禽舍等）；二是利用生物资源生产沼气；三是开发农村小水电；四是利用荒山、荒地资源和"边角"耕地资源，种植能源林木和能源作物，生产生物柴油、生物乙醇等，发展能源农业；五是开发利用风力资源等。

9. 流域治理技术

流域的治理和发展是高效生态农业的重要内容，发展高效生态农业的重要任务之一就是要将流域治理好、发展好，就必须大力推广流域治理技术。一是根治水患，实行退田还湖、加固干堤、移民建镇；二是恢复重建，对已经受到破坏或损害的生态系统，加大综合治理力度，尽快使其结构与功能得到恢复与重建；三是防治污染，重点防治农村农业生产生活过程中的面源污染，确保“源洁流清”；四是有序开发，坚决取缔污染型企业和破坏性开发；五是建立健全制度，加强流域管理。

10. 现代高新技术

以信息技术、生物技术、新材料技术、新能源技术、空间技术、海洋技术等为代表的现代高新技术，已经或正在广泛应用现代农业，尤其是高效生态农业模式之中，极大地提高了资源利用率、劳动生产率、农业生产力和整个农业的经济社会生态综合效益，将从根本上改变农业发展方式。

第六节　我国生态农业旅游实践与发展

生态农业旅游是一种新型农业生产经营形式，也是一种新型旅游活动项目，是在发展农业生产的基础上有机地附加了生态旅游观光功能的交叉性产业，是当今旅游新需求的必然产物。生态农业旅游是把农业、生态和旅游业结合起来，利用田园景观、农业生产活动、农村生态环境和农业生态经营模式，吸引游客前来观赏、品尝、作习、体验、健身、科学考察、环保教育、度假、购物的一种新型的旅游开发类型。

一、生态旅游农业的发展

“农业旅游”一词首先出现在世界旅游发达的欧美国家。在国外，早在19世纪30年代欧洲已开始了农业旅游。意大利在1865年便成立了“农业与旅游全国协会”，是世界上成立最早的农业与旅游相结合的专业协会。该协会的主要功能是专门介绍城市居民到农村体验农业野趣，与农民同吃、同劳作，或者在农民家中住宿。这实际上标志着农业与旅游业已经结合成为一个新形势的产业。在意大利、奥地利等国兴起的这种农业旅游，之后逐步扩展到美国、法国、英国等国家和地区。20世纪70—80年代，日本、韩国、新加坡和我国台湾陆续成为农业旅游的开发热点国家和地区。

我国悠久的农业历史孕育了丰富的农耕文化，而且地区景观新奇多样，这些都是促进生态农业旅游发展的内容。若追溯农业旅游活动产生的历史，应该说它自古有之。古代文人墨客的郊游和田园休闲活动等，在很早就已产生，后来出现的城市居民到城郊远足度假旅游虽然十分活跃，但这种旅游对象也都未经过专门的旅游开发，处于一种“纯自然”状态。

我国生态农业旅游起步较晚。20世纪80年代末“休闲农业游”的出现是生态农业旅游发展的起点。进入90年代，生态农业旅游已经是农业现代化建设中必须点亮的亮点，随着现代化进程的加快和人们生活质量的提高，生态农业旅游是一个在城市和乡村之间产生双向吸引力、双向吸纳力、双向融合力的朝阳产业。1998年国家旅游局推出“华夏城乡游”的旅游主题，“住农家店，吃农家饭，干农家活，看农家景，享农家乐”，回归大自然的生态农业旅游是一项重要内容。自此生态农业旅游迅速发展起来。北京从1993年始发展观光农业，到1999年已开发了100多个项目、多个景区景点。北京市生态农业旅游的快速发展，也带动了其他省、直辖市及周边地区如海南、上海、天津、江苏、广东、台湾等省、直辖市农游产业的发展。目前，全国比较有名的观光农园有北京的锦绣大地、上海孙桥现代农业开发区、苏州农林双世界、无锡马山观光农园等。

2006年确定以“中国乡村游”为主题的旅游年，主题口号是“新农村、新旅游、新体验”。2009年的“中国生态旅游年”，倡导“走进绿色旅游，感受生态文明”。这些举措有力地助推了乡村旅游发展，相继出现了以农家乐、度假村、野营地、休闲农村、生态农业观光园、教育农园、民俗文化村、乡村俱乐部等多种形式的农村旅游。全国农业生态旅游逐渐成为一种新的旅游消费方式。

近几年由于空气污染，许多大中型城市如北京、天津、石家庄等地区受到雾霾天气的严重影响，促使周边地区环境污染影响较小、生态环境良好的地区如张家口市成为了短期旅游的理想目标，也为生态农业旅游的发展提供了契机。张家口市也从20世纪90年代开始着力于发展旅游业，并在近几年着力于发展生态农业旅游。张家口市旅游业在近几年有了很大的发展，并逐步成为张家口市的主导产业之一，在河北省“十二五”规划中，计划将生态旅游与乡村旅游列为专项旅游产品体系，为发展生态农业旅游提供了政策保障。张家口市被纳入环北京生态农业旅游产业带，张家口地区的张北草原生态，崇礼—赤城冰雪温泉旅游，桑洋河谷葡萄酒文化已被列入重点发展的旅游产业集聚区。

二、生态农业旅游的概念及特点

1. 生态农业旅游的概念

生态农业旅游是以乡村生态环境为背景、以生态农业和乡村文化为资源基础，通过运用生态学、美学、经济学原理和可持续发展理论对农业资源的开发和布局进行规划、设计、施工、将农业开发成为以保护自然为核心，以生态农业生产和生态旅游为主要功能，集生态农业建设、科学管理、旅游商品生产与游人观光生态农业、参与农事劳作、体验农村情趣、获取生态知识和农业知识为一体的一种新型生态旅游活动。

生态农业旅游是建立在生态农业基础上的资源综合利用的生态模式，它是将生态农业生产、生态旅游活动、生态环境三者合为一体进行开发的一种生态型旅游方式。它强化了生产过程的生态性、趣味性、艺术性、生产丰富多样的生态农业旅游产品，为游客提供观赏、娱乐、健身、求知等功能服务和良好的生态环境。

由生态农业旅游的概念可以看出，生态农业旅游的内涵包括3个方面内容：一是到农业生态环境中进行旅游；二是旅游活动的开展以保护自然为核心；三是促进农业旅游、生态环境可持续发展。

2. 生态农业旅游的特点

生态农业旅游具有以下独特的特点：

(1) 以生态农业为基础，以生态保护为核心。和传统农业旅游、一般生态旅游相比，生态农业旅游区的显著特征是以发展生态农业形成的乡村生态环境为活动场所，以生态农业景观、生态农产品为开发生态农业旅游产品的资源基础。同时，发展生态农业旅游必须以生态保护为核心，维持生态环境、农业生产、旅游开发可持续发展，从而实现生态效益、经济效益、社会效益最大化为目标。

(2) 将自然景观和乡村文化有机结合。建立在生态农业基础上的生态农业旅游将自然景观和文化传统融为一体，开发出多功能、复合型旅游产品。

(3) 有季节变动性、地域差异性和可塑性。由于农业生产活动受季节影响和制约，不同季节显示出不同的农业景观、农业劳作形态，这使得生态农业旅游形式也发生相应的季节变化。由于不同地区地质地貌以及海拔高度不同，局地气候有一定差异，在这些不同的地质、气候背景下形成了具有鲜明区域特色的物种和景观，构成了开发生态农业旅游与生俱来的特色资源条件，使各地的生态农业旅游体现出一定的地域差异性，自然景观和历史古迹一般具有不可移动性和不可更改性。农业旅游资源则具有一定的可塑性，农业生产在不违背客观规律的前提下，可根据一定的目的对生产要素（如农业物种和关键技术等）进行优化选择、组合配置，形成不同的农业生态系统模式，塑造不同的生态农业旅游景观形象。

(4) 具有农业知识性。生态农业旅游是以农业生产技术为基础发展起来的，它的开发、经营管理都需要一定的农业专业知识和相关科技知识。游客所获得的旅游阅历大部分都与农业和生态保护的专业知识有关。因此，生态农业旅游是具有较强专业性的一种旅游方式。

(5) 娱乐性和实践性较强。生态农业旅游活动包括农业观光、乡村度假、民俗乡情体验、水果美食品尝、农事劳作、文化娱乐、农业技艺学习、乡土文化欣赏、购物等娱乐性和参与性都很强的活动，让游客能通过参与多功能复合型旅游活动，获得丰富的旅游体验和精神享受。

(6) 高效益、低风险。生态农业旅游可通过农业旅游来提高农业的附加值，获得多重经济效益，相对减少农业的风险，另外，在旅游淡季，农业生产又可弥补旅游收入的下降。因此，相对单纯的农业生产或单纯的旅游而言，生态农业旅游具有高效益，低风险的优势。

(7) 发展前景广阔。生态农业旅游在城市地域之内、城市郊区及周边农村随处可见。只要稍加开发即可利用，而且开发成本相对较低。同时，生态农业旅游开发区一般距离城市近而不需长途跋涉，交通条件较方便，所需时间短，一般利用双休日即可完成，目前较适合城市居民的需求，受到越来越多的都市居民的青睐。

（8）可持续发展前景好。生态农业旅游的开发以生态学为指导，以保护自然资源和生态环境为前提，在此基础上发挥农村生态环境的优势，建设生态农园，发展生态农业文化。开展农业旅游活动，开发绿色食品，促进农业和旅游业的持续发展以及生态产业的综合发展进程。它既突出了在城市化和工业化时期第一产业与地区经济发展的融合，同时维护了有限资源的永续利用，展示了21世纪人与自然和谐共存的环境目标。

三、生态农业旅游的模式和实践

1. 农业资源占优势的特色产业带动模式（观赏+学习+参与型）

对于那些拥有特色农产品的生态农业区来说，可以以农产品为核心，进行围绕某一种或几种特色农产品展开的主题辐射发展模式。也就是指在一个乡或村的范围内，依据所在地区独特的优势，围绕特色的生态农产品或产业链，实行专业化生产经营，一村一业发展壮大来带动乡村综合发展的一种新模式。专业村镇是这种模式的代表，需要三个基本条件：具有生产某种特色生态农产品的历史传统和自然条件；有相应的产业带动，市场需求旺盛；需要有带动者通过产业集群形成一定的规模。

例如，我们把以果园、育种种植为主题的农业生态旅游推向市场，把果品作为核心，关联带动果园的观光休闲、科技园区果苗培育种植的科技学习、农家的果品品尝节、工厂的加工包装参观等果旅消费，这样不仅可以打通果品销售的呆滞环节，也盘活了所有资源和资产，带动了当地农副产业的快速发展。桂林永福县的罗汉果就可以借用其“罗汉果之乡”的美名，打造一条“三高”生态农业与旅游相联动的模式。桂林恭城瑶族自治县的生态农业建设从1983年就开始起步了，这20多年来，通过抓沼气建设来解决农村能源问题，通过科学探索找到了沼气与养殖、种植的内在联系，最终建成了“三位一体”的生态农业模式。恭城瑶族自治县开展以“三位一体”生态农业为重点和核心的生态示范区建设，较好地解决了经济和环境保护的问题，符合党中央、国务院关于在西部大开发中要“切实搞好生态保护和建设”的要求，对广大农村特别是西部农村的可持续发展具有借鉴意义。2000年5月，联合国国际能源署“可再生能源研讨会”在桂林召开，37个国家和地区的70多位专家到恭城参观，称赞恭城县生态农业为“发展中国家农村生态经济发展的典范”。近几年，恭城县把生态农业的发展与旅游开发结合起来，又被有关部门连续列为“科技进步先进县”“国家可持续发展实验区”“国家级生态农业试点县”“国家级农业旅游示范点”等等。当地从生活到生产，从种植到养殖，从农业到副业都达到了高科技、高产量、高效益的三高标准，应该充分挖掘生态农业的观赏性、学习性、参与性，让现有生态农业资源的利用价值最大化。

这类农业资源占优势的地区在今后的发展中应更加注重农业新技术的引进和推广力度，全面改造传统种养技术，发展更完善的生态农业，在大力扶持和发展旅游的同时一定不能脱离了农业这一根基；并且从旅游开发的角度发展未来的生态农业，使传统经济型农业向现代旅游型生态农业转变。游览区内的农业科技示范园、生态农业示范园、科学普及示范园，应该以浓缩的典型农业模式，展示农业发展的历史与现实，展示特色农业生产景观与经营模式，让游客了解足够系统的农业生产进步的知识，使游客与当地农业文化之间建立起一种情感联系。

2. 自然旅游资源占优势的“观光+体验”模式

对于那些拥有一定的农业资源，和其他地方相比特色不够鲜明规模也存在着差距的地方，如果拥有较好的自然旅游资源禀赋（清新的山水自然环境、美丽的田园风光、整洁舒适的乡村居住环境等），就可以通过观光游的模式将旅游作为创造更高社会效益和经济效益的途径。游览区内的农田果园、花卉苗圃、动植物饲养场应精心包装，让游客找到返归乡村的真实感受，在优美的田园风光和勃发的自然生机中享受回归自然的快感。

桂林阳朔是我国发展乡村旅游最早的县城之一，“桂林山水甲天下，阳朔堪称甲桂林，群峰倒影山浮水，无水无山不入神”，精辟地概括了阳朔自然风光的特征。依托阳朔及周边各镇的自然田园风光来满足游客回归自然，返璞归真的需求，如历村、福利古镇、兴坪渔村等，都可以满足体验型游客的要求：“住农家屋，吃农家饭，干农家活，享农家乐”。当地乡村的特色民居、乡村工艺作坊、乡村农事活动场所应为游客提供能够深入乡村生活的空间，学习农作物的种植技术、农机具的使用技术、农产品加工技术以及农业经营管理等，亲身体验农产品生产过程。游览区内提供的可采摘的直销果园、农产品集市等，既让游客有机会购买乡村旅游产品，又充分体验收获的愉悦。

3. 人文资源占优势的“观赏+学习”模式

对于在农业特色和自然资源特色方面都不占有优势的农业地区，我们就可以走这条观赏加学习型的模式路线。例如桂北地区，通过挖掘桂北悠久的历史，发达的农业文化、古代中原文化与岭南文化的交融历史、乡镇“社日”壮族歌圩、瑶族盘王节等民族活动将本地区的人文资源和旅游作最优的结合。这种模式不但要求人们要认同当地农业文化充满差异的地域性特征，还要致力于为当地这些处于弱势的文化找到重新发扬光大的理由。

农业文化旅游资源是不能简单地进行自然或人文的划分的，它综合了自然与人文两方面的特长。我国有一句古话叫“十里不同俗”，所以这类地区在开发时应以农业生产劳动为核心，以耕作制度、劳动工具、劳动产品、生活习俗与禁忌的开发为基本方向。特色耕作制度是农业文化的重要内容，反映了当地农业文化的基本特征。特色农产品是农业生产的果实，可以让旅游者充分体验收获的快乐、了解生活习俗特别是与农业生产有关的生活习俗及各种禁忌，以生动的形式与充满想象的内容展示了农业文化发展的历史与现实。从原始农业到现代农业，劳动工具发生了很大变化。从农具的使用人们可以清晰地看到我国农业文化每一点滴的进步，也可以看到我国农业文化现代化的快速发展。认识农具实际上就是认识我国农业现代化的历史，如果进行适宜地开发，应该可以成为绝好的旅游产品。这些都可以进行观赏性和学习性的开发。

四、河北省生态农业旅游的现状与发展

1. 河北省生态农业旅游发展现状

河北省位于环渤海地区的中心地带，与日本、韩国隔海相望，是中国东北地区与国内其他省区联系的通道和西北诸省区的北方出海通道。河北内环北京和天津两大都市，经济相互辐射和渗透，构成了京津冀经济区。随着市场经济体制的逐步建立，京津冀地区的经济融合程度和相互开放程度会不断提高，河北将成为首都的生态屏障，首都的“护城河”，首都的“后花园”。

河北省是作为农业大省，近几年来省内各个城市的生态农业旅游都在不断地发展。1994 年秦皇岛集发农业生态观光园区的建设，是河北省旅游农业的起步；2003 年河北省旅游农业发展已初具规模，形成了农业科技观光型、种植型、养殖型、社会生态型即农家乐、资源复合型五大系列产品。以承德县新杖子乡为例：承德县新杖子乡生态农业旅游发展蒸蒸日上，全乡 10 个村，村村有采摘园，村村有农家院，2013 年，新杖子乡果品产量达 3 200万千克，年纯收益 1.1 亿元；游客接待量达 16.2 万人次，为群众增收 1 500多万元，2013 年全年果品纯收益达到 1.2 亿元，每年 4—5 月的万亩梨园鲜花怒放，吸引着大量游人前往观赏。河北省全国农业旅游示范点见表 1。

表1 河北省8个全国农业旅游示范点

1	平山巨龟苑旅游区	石家庄
2	北戴河集发生态农业观光园	秦皇岛
3	邢台内丘长寿百果庄园	邢台
4	邢台前南峪生态观光园	邢台
5	保定昌利农业旅游示范园	保定
6	顺平县万顷桃园农庄民俗文化园	保定
7	怀来容辰庄园	张家口
8	衡水邓庄农业科技示范园	衡水

注：资料来源于国家旅游局2002年颁发的《全国工农业旅游示范点检查标准（试行）》。

2014年国家旅游局公示了全国休闲农业与乡村旅游示范县、示范点，河北省的6个全国休闲农业与乡村旅游示范县、示范点见表2。

表2 河北省6个全国休闲农业与乡村旅游示范县、示范点

编号	全国休闲农业与乡村旅游示范县、示范点	所处地市
1	河北省元氏县（示范县）	石家庄
2	承德县双滦区（示范县）	承德
3	迁西县喜峰口板栗专业合作社观光园（示范点）	唐山
4	宣化县假日绿岛生态农业文化旅游观光园（示范点）	张家口
5	临城县尚水渔庄（示范点）	邢台
6	武安市白沙村休闲农业园区（示范点）	邯郸

注：资料来源于国家旅游局2014年数据公报。

2. 河北省发展生态农业旅游的优势

（1）地域优势。紧邻京津，陆、海、空综合运输，地理位置极为优越。河北省地处华北平原，东临渤海，环抱京津，南部

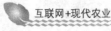

和东南部分别于河南、山东接壤，西隔太行山与山西省相邻，北部同内蒙古、辽宁两省区相接，成为首都北京连接全国各地的交通枢纽，已形成陆、海、空综合交通运输网，地理位置十分优越。2014年12月，国家交通运输部部长在“京津冀协同发展论坛”上提出京津冀交通一体化的建设方案，包括基础设施的建设，交通运输和港口运输的建设，以及智能交通、综合枢纽等的建设。京津冀交通的便利，不仅为人们的日常出行提供了便利，更给人们的旅游提供了便利，更短的路程和更低的花费是游客增长的重要因素之一。

(2) 资源优势。河北省是我国农业大省，地理环境广阔，自然风景优美，特色农产品丰富，乡土文化气息浓郁，对渴望体验农村生活、亲近大自然的人们有极大的吸引力，是北京、天津居民选择生态农业旅游的理想之处。河北省栾城县是全国著名的草莓生产地，十几年来，该县每年都会举办草莓采摘节，带动了当地的生态农业旅游发展。发展至今，栾城县采摘面积达到670多公顷，采摘品种不断丰富，包括了草莓、甜瓜、油桃、水果西葫芦等。位于京津腹地的永清县，生态农业旅游发展迅速，乡乡有农家乐、采摘园。永清县拥有34 000多公顷林地，其森林覆盖率达到43%以上，是全省之最，被誉为京津走廊的“天然氧吧”。这里的原生态历史沉积与生态农业的人性化有机地融合在一起，形成了集观光采摘、农事体验于一体的生态农业旅游。绿、美、鲜已经成为吸引人们来此观光的鲜明特色。

3. 河北省发展生态农业旅游的趋势

(1) 加大生态保护力度，走可持续发展之路。

首先，要加强生态农业旅游规划的环境影响评价，即对河北省旅游资源、社会发展现状进行深入调研，全面分析，统筹规划，从时间、空间的变化来确定生态旅游资源的开发利用、生态环境的保护以及景区游客数量的控制等，协调旅游地人们的社会经济活动，促进景区的可持续发展；其次，要加强生态旅游项目的环境影响评价，其内容包括生态环境影响评价、生态景观影响评价以及公众的参与和调查。在开发活动中，要积极推进节能减排，低碳环保，建议旅游经营单位利用一些诸如太阳能、风能、沼气等的环保能源，推广回收利用、垃圾处理、节能减排等先进技术，尽可能减轻污染物的产生和排放，促进旅游与生态环境的协调与可持续发展；第三，要加强相关增加政府投入，改善农村基础设施建设。

(2) 增加政府投入，改善农村基础设施建设。

交通、垃圾处理设施、文化、教育、卫生等。增加政府投入，科学规划和完善农村基础设施，是生态农业旅游的发展的保障。面对景区基础设施建设单一、重复、落后、老化的现状，应当广泛融资，建立以政府投入为主的多元化投入机制。总体规划与资源利用的有机结合，经济效益、生态效益、社会效益的协调统一，遵循自然发展规律的经济发展，始终是生态农业旅游发展的原则所在。立足于发展生态农业旅游的视角，对已有的乡村景区景点进行合理规划，加强基础设施的建设，以更优的基础设施条件和更好的服务，带动生态农业旅游的快速发展，各级政府及有关部门要科学规划、统筹安排、互相合作、提高服务标准，为建设更高档次、更生态、更环保的生态景区奠定坚实的基础。

(3) 丰富和创新原生态旅游产品，提升技术含量。

首先，要对景区从业人员进行专业的培训，全面丰富其旅游知识、提升其专业技能及个人素质；其次，要对统一地区园区的内容和形式进行根本上的改造和创新，打造独具特色、风情浓郁、文化内涵深入的特色生态园区；第三，旅游产品要杜绝雷同、功能相似、粗制滥造、品质低廉，旅游产品要尽可能体现本土化、创新化，充分带给游客感官的刺激、视觉、听觉、味觉、触觉、嗅觉的全面体验，以生态环保、低碳节能为前提，打造高档次的精致产品，树立自己的品牌形象；第四，原生态的旅游项目，对游客而言是最好的体验。如游客亲自摘菜、垂钓、烹饪农家饭，其独特的参与感、愉悦感，正是原生态旅游产品所带给游客们的独特体验。因此，丰富和创新原生态旅游产品，提升技术含量，是体验经济时代旅游产品的发展潮流。

(4) 树立区域整体发展观念，实现规模经济。

河北省在发展生态农业旅游的过程中，要树立区域整体发展观念，企业间联手营销，实现规模经济。这样既可以减少营销成本的投入，避免同业间恶意的价格竞争，使企业间形成互惠互利的共同发展战略。

(5) 加大宣传力度，打造知名品牌。

促进河北省生态农业旅游的发展，需要采用多种营销手段，加大广告宣传的力度，树立品牌观念，实施知名品牌带动整体发展的战略。具有星级设施及服务的知名生态农业旅游园区的发展，将带动周边地区旅游业的发展，同时周边旅游园区的兴起又会反馈给知名园区，形成共生共荣的发展关系，达到延长区域生态农业旅游生命周期的效果。

(6) 跨区域开展旅游合作，完善协调、监管机制。

京津冀协同发展中，河北省具有明显的区位优势，可以开展跨区域的旅游合作。通过与北京、天津当地的旅行社的合作，共同开发旅游线路，推进市场间的互动。完善区域间的协调、质量监管及应急处理机制，更好地进行旅游项目的对接，推进生态农业旅游标准化建设，促进公共服务一体化发展。

第七节　我国都市型生态农业发展现状及存在问题

一、都市型生态农业的基本内涵

都市型生态农业是对不断发展变化的农业发展状态的描述，是都市型农业和生态农业的有机组合体；是在城市化地区及其延伸区将农业现代化纳入生态合理轨道，实现农业可持续发展的一种新型的农业生产体系。都市型生态农业体现了两层内涵："都市型"，是针对区位特点的，包括城区和郊区在内的整个大都市所辖地区，强调农业的职能地位；"生态"，是顺应可持续发展的要求与城市建设要求，强调建立循环经济体系。

二、我国都市型生态农业发展现状及存在问题

20 世纪 90 年代初期，我国开始关注都市型生态农业，认为都市型生态农业是城郊型农业发展的高级阶段，是现代农业的重要组成部分，也是一个国家农业现代化水平的重要标志。在我国东部沿海地区，特别是长三角、珠三角、环渤海湾地区的上海、深圳、北京等地开展较早，发展较快。

然而随着我国城市经济和社会的进一步发展，简单的粗放型农业发展模式难以满足社会经济发展和城乡居民对生存环境的需求，社会和经济的发展、人口和环境的巨大压力对农业在提供绿色屏障、调节城乡生态平衡等方面提出了更高的要求。因此，有效解决农产品质量与产量，经济增长与环境资源保护的矛盾，努力缩小我国大城市农业与发达国家农业现代化水平的差距，成了政府及各方专家所考虑的问题。因而在我国城市化地区及其延伸区应侧重强调都市型农业的生态功能，调整农业产业结构，优化资源配置，在有限的空间上发展集生产、生态、社会、经济、文

化等功能为一体的高度现代化的都市型生态农业，实现农业新的飞跃。比如，上海经过十几年的建设都市型生态农业已初具规模，成效显著，尤其在设施农业、观光农业、农业信息化等方面发展较快，取得了丰硕的理论研究成果，为其他大城市发展都市型生态农业提供了宝贵的经验，初步形成了如“设施化+生态技术”“集约化+生态技术”“科技化+生态技术”“市场化+生态技术”“加工产业化+生态技术”“观光休闲+生态技术”等生态农业发展模式。

我国都市型生态农业正如火如荼地建设发展着，但仍存在很多问题，比较普遍的有：①从政府到农户、从上到下缺乏对农业的认识和热情，过分注重经济效益，忽视了社会及生态效益，表现出不重视甚至排挤生态农业；②各地区发展不平衡，农业的经济功能开发力度不够，生态功能和社会功能等开发比较滞后，造成生态农业在市场竞争中处于不利地位；③理论与实践不一致，缺乏优化、配套的农业技术体系、服务体系；④农业劳动力素质较低下，缺乏高素质农业人才；⑤农业科技技术含量偏低等。

【案例】

国家级生态农业建设示范区

——崇明县（包括崇明、长兴、横沙三岛）

“崇明生态岛”农业发展现状及存在问题。崇明位于上海市最远郊，是上海农业土地资源最多、分布最集中、农业生态环境最好的地区。随着沪崇苏越江大通道的破土动工，“崇明生态岛”的建设发展已成为上海21世纪初期建设现代化国际性大都市的重大战略部署之一。崇明农业肩负着生态环境最主要的守望者和维护者的责任。依据《崇明三岛总体规划（2005—2020年）》及《崇明县国民经济和社会发展第十一个五年规划纲要》，崇明农业发展的重点是生态型现代农业，其农业功能定位是"现代都市型生态农业"，即大力推进以高效生态农业为主的现代农业，发展农业的规模化经营、标准化生产，提高农业的组织化程度，实现生态农业的新突破。

一、崇明农业发展现状

崇明是上海最主要的农业生产集中区和农产品商品生产基地，截至2007年年末，崇明农用地总面积约143.9万亩，约占全市的22.9%；优质稻米、水产品、生猪、大宗蔬菜等农产品生产在沪郊农业中占有较突出的地位。2007年崇明农业总产值46.2亿元，比上年增长2.9%，占全市的20.4%，崇明农业经济总量日益增长，农业生产结构不断优化，产业发展特色渐趋鲜明。

二、崇明生态农业建设发展中存在的问题

崇明努力培育发展以高新技术产业为先导，以绿色为主的生态农业，实现生产和消费环节"污染排放最小化、废物资源化和无害化"，在农业种子资源创新、转基因作物生态安全性评价、新型生物农药的筛选与研制、农业资源综合利用与加工等方面已卓有成效，为促进崇明经济的可持续发展做出了很大的贡献。然而，这与发达国家生态农业的发展水平相比仍有很大差距，发展过程中主要存在如下问题：

1. 生态农产品的商品率较低，有机产品市场体制不健全

由于崇明地处上海市最远郊，开放程度较低，因而经济水平和生活饮食观念受到大大限制，同普通产品相比，价格较高的有机农产品市场份额十分有限，生态标志型农产品的总商品率较低，销售情况不佳，有机农产品的市场运行机制和管理体制仍不够健全。

2. 缺少生态农业精品品牌，无法突显生态品牌效益

近几年具有崇明特色的优质大米、花菜、黄金瓜、绿芦笋等近百个农产品已基本形成规模化生产，农产品深加工产业也正快速发展，具有海岛独特风味的系列鸭制品、甜包瓜等被评为国家

和市级优质产品，但在品牌战略的推广和实施中，仍大大缺少生态农业精品品牌、特色品牌，无法打出品牌策略、突显品牌效益。

3. 农业管理耕作模式较粗放，机械化程度较低，农业技术不到位

随着新经营新种植理念的深入发展，崇明农业开始向产业化、规模化、组织化发展。然而，很多农业经营组织仍摆脱不了传统农业的枷锁，生产方式比较落后，农业管理耕作模式较粗放，机械化程度较低。在农产品的研制、开发、生产中，简单地追寻利用低技术产生的单纯高产量，缺乏对高技术高效产品的追求，农业技术不到位。

4. 农业劳动力总量减少，新生代劳动力奇缺，劳动力质量逐渐低下

20 世纪 70 年代中后期以来，随着沪郊区域经济和非农产业的高速发展，农业劳动力开始大规模向非农产业转移，崇明农业劳动力总量也逐年减少，有知识技能的人尤其是青壮年都外出打工或深造，人才流失严重，因而崇明新生代农业劳动力的补充相当有限，劳动力老化现象日趋严重，导致劳动力质量逐渐低下，现有农业劳动力群体中真正“有文化、会经营、懂技术”的农户寥寥可数，极大地阻碍了崇明生态农业的可持续发展。

5. 农技推广和社会化服务体系不够完善，农技培训开展不够广泛

崇明农业在技术推广和社会化服务上缺少专业技术人员、人员老化现象十分突出。尤其是服务于生产第一线的技术人员比例偏低，且绝大多数都 45 岁以上。第一线技术人员断层现象的出现，影响了农技培训的开展，造成了农技培训开展范围狭隘，无法调动农户培训的积极性，延误了农户掌握各类先进农业技术的时间，妨碍了生态农业的有序发展。

三、都市生态农业的思考和建议

1. 加强法制生态农业宣传，增强农民对都市生态农业发展认识

当前，我国农民和涉农人员普遍环保意识薄弱，对农业发展缺乏热情，对都市型生态农业认识不足，所以应通过完善立法来治民惠民，并通过各种媒介手段广泛宣传都市生态农业的意义和重要性，形成全社会关心、支持并积极参与保护生态环境，建设都市型生态农业的氛围，动员农民真正投入到生态农业建设中。

2. 政府投入与技术支撑并举，为都市型生态农业装上“科技芯片”

都市型生态农业发展的顺利与否，关键是农业科技的较量。政府部门应增加财政扶持，实行政府投入的重点聚焦，加大农业科技研发和农技推广力度，不断了解当今国内外现代农业科技发展动态和农业高新技术，努力加强国内外科研、教育、产业界的合作交流，建立以农业生态环境保护和资源综合利用技术为核心的科技支撑体系，不断探寻推进都市型生态农业的有效途径。

3. 创新产业效益理念，实现农业产业的质量效益

在建设都市型生态农业的过程中，要创新农业产业效益理念，积极探索生态农业发展新模式，努力扩大有机和绿色农产品生产比重，通过生物技术来大幅度替代或减少化肥农药施用量，提高农产品的内在质量，确保农产品供给安全；通过合理控制产量和质量的对应关系、农产品质量的提升来提高产品的销售价格，达到单位面积效益最大化，实现农业产业发展由产量效益型转换成质量效益型。

4. 创新产业服务理念，完善农业社会化服务体系

都市型生态农业在发展过程中，应不断创新产业服务理念，充分发挥产业发展的主观能动性，适时设计和调整产品和生产结

构，合理组合产业的功能作用，增强产业的活力和可持续发展能力；同时，切实加强社会化生产服务体系建设，使之成为推动农业适度规模经营的技术和生产服务的有力支点。

5. 提高本地劳动力素质，合理利用外来农业劳动力

各地农业部门可借助优秀农业合作经济组织为示范基地，建立新生代“有文化、会经营、懂技术”职业培训体系，努力培育出一批符合现代农业发展要求的“有文化、会经营、懂技术”的新生代本地农业生产经营队伍，提高本地劳动力素质。同时，各地政府应就如何规范并合理利用外来农业劳动力出台一些政策，使其能融入都市型生态农业的发展中。

6. 优化农业投资环境，拓宽融投资渠道

为加快都市型生态农业的建设发展和产业化经营，可以从农业生产要素流动和优化配置、提供信贷和融资通道、积极的优惠政策和财政扶持等方面入手，进一步优化农业投资环境，鼓励和支持“三资”资本和企业投资地方农业，兴办多种形式的现代农业企业和合作经济组织，组织和发展产业化经营。

7. 注重生态环境优先，维护社会、经济与生态效益的平衡

在都市型生态农业的发展中，应根据生态环境优先的理念与要求，建立生态补偿机制以平衡和协调经济效益与生态效益之间的关系；树立农业可持续发展观念，将生态环境保护与经济发展相结合，达到经济、社会、生态效益的协调发展。

第八章 “互联网+”时代新型职业农民培育

第一节 新型职业农民的主要类型和基本素质要求

随着农村劳动力大量向二、三产业转移，当前我国许多地方留乡务农农民以妇女、中老年为主，小学及以下文化程度比重超过50%，占农民工总量60%以上的新生代农民工，大部分没种过地，也不愿回乡务农，今后“谁来种地”已成为一个重大而紧迫的问题，事关国家粮食安全及13亿人的饭碗。“让十几亿人吃饱吃好、吃得安全放心”，是现代社会对我国农业提出的新的时代要求。没有高度知识化的农民，就没有高度现代化的农业。新型职业农民将以从事农业作为固定乃至终身职业，是真正的农业继承人。培育新型职业农民不仅解决了“谁来种地”的现实难题，更能解决“怎样种地”的深层问题。

我国正处在传统农业向现代农业转型的关键时期，尽管粮食生产实现了“十连增”，但未来“谁来种地”“地怎么种”成为严峻的问题，要解决好这些问题，必须加快新型职业农民的培育力度，全面提高务农农民的素质。

一、新型职业农民的主要类型

新型职业农民具体来说可分为生产经营型、专业技能型和社会服务型三种类型。

1. “生产经营型”新型职业农民

是指以家庭生产经营为基本单元，充分依靠农村社会化服务，开展规模化、集约化、专业化和组织化生产的新型生产经营主体。主要包括专业大户、家庭农场主、专业合作社带头人等。

2. “专业技能型”新型职业农民

是指在农业企业、专业合作社、家庭农场、专业大户等新型生产经营主体中，专业从事某一方面生产经营活动的骨干农业劳动力。主要包括农业工人、农业雇员等。

3. “社会服务型”新型职业农民

是指在经营性服务组织中或个体从事农业产前、产中、产后服务的农业社会化服务人员，主要包括跨区作业农机手、专业化防治植保员、村级动物防疫员、沼气工、农村经纪人、农村信息员及全科农技员等。

“生产经营型”新型职业农民是全能型、典型的职业农民，是现代农业中的“白领”，“专业技能型”和“社会服务型”新型职业农民是现代农业中的“蓝领”，他们是“生产经营型”新型职业农民的主要依靠力量，是现代农业不可或缺的骨干农民。

二、新型职业农民基本素质要求

1. 有文化、懂技术、会经营的知识技能型农民

作为新型农民，必须有文化，指新型农民不仅应该具备扎实的科学文化知识和丰富的专业知识，而且还要具备较强的接受新知识、新信息的能力。懂技术是指作为新型农民应该能够掌握先进的务农技能、劳动力就业技能和实用专门技能等专项技能，对现代农业科技应该具有较强的领会能力和掌握能力。只有大量的农业科技成果最终被农民所掌握，才能转化为现实生产力，才能使更多的农民适应农业专业化、规模化和科技化发展的要求。会经营是指作为新型农民应该掌握现代农业经营管理方式，善于从

事经营种植业、畜牧业等农业产业及非农产业。随着市场经济的日益发展和完善，新型农民必须了解与掌握农业产业化经营管理、市场营销和信息管理知识等，才能不断提高经营现代农业的水平，全方位拓展增收渠道，用工业的理念发展农业，进行集约化生产，才能实现致富的目标。

2. 思想道德素质高的文明型农民

思想道德素质在一定程度上能够反映一个人的进步程度和一个社会的文明状态。新型农民不但要有较高的政治参与热情、关心国家大事、了解政策方针、积极捍卫国家和社会公众利益，还要知悉自己的合法权利，并勇于承担社会责任，更要能够克服墨守成规、安于现状以及事不关己高高挂起的保守观念，树立起市场意识、竞争意识、参与意识、创新意识等现代的思想观念。

3. 民主法制意识强的民主型农民

在民主方面，新型农民应具有较强的政治参与意识、自我表达意识、在我管理意识以及主人翁意识，积极主动地参与民主选举、民主决策、民主管理和民主监督；在法制方面，新型农民应树立法制观念，自觉地学法、懂法、守法，并能主动拿起法律武器维护自身合法权益。

4. 对新型农民的要求由偏重专能到注重统筹

现代农业发展面对的是更深层次、更复杂、关系到全局的发展问题，涉及粮食安全、产业调整、生态建设、社会事业发展、可持续发展等多个互相关联而又具有一定独立性的方面。这对参与建设的新型农民提出了更高、更综合的素质要求，他们不仅能领导其他农民群众增收致富、搞好经济建设，还要具备对眼前利益与长远发展、局部经济利益与综合社会效益、城市发展与全国大局的统筹，把握能力、理解能力，能前瞻，能深入、能兼顾和统筹，搞好现代农业生产。

第二节　我国新型职业农民培育

新型职业农民作为未来农业生产的主力军，还是一支新生力量，需要在实践中给予更多的帮扶、鼓励与培育。要加强新型职业农民教育培训体系建设，开展多种形式的教育培训，培养职业农民素质（重点抓好普及性培训、职业技能培训、农民学历教育），创新培育培训内容和方式，专业合作组织、典型示范引领创业实践，助推新型职业农民成长。

一、新型职业农民培育的重要意义

大力培育新型职业农民是建设新型农业生产经营体系的战略选择和重点工程，是促进城乡统筹、社会和谐发展的重大制度创新，是转变农业发展方式的有效途径，更是有中国特色农民发展道路的现实选择。

1. 培育新型职业农民有助于推进城乡资源要素平等交换与合理配置

推进城乡发展一体化，首要的是劳动力统筹，在让一批农村劳动力尽快真正融入城市的同时，必须提高农业、农村吸引力，让一部分高素质劳动力留在农村务农。加快建设现代农业，要求全面提高劳动者素质，切实转变农业发展方式。新型农业经营主体培育的重点是农民、农户，国家政策支持的重点是新型职业农民。

2. 培育新型职业农民就是培育现代农业的现实和未来

随着传统小农生产加快向社会化大生产转变，现代农业对能够掌握应用现代农业科技、能够操作使用现代农业物质装备的新型职业农民需求更加迫切。随着较大规模生产的种养大户和家庭农场逐渐增多，农业生产加快向产前、产后延伸，分工分业成为发展趋势，具有先进耕作技术和经营管理技术，拥有较强市场经营能力，善于学习先进科学文化知识的新型职业农民成为发展现代农业的现实需求，培育新型职业农民就是培育现代农业的现实和未来。

3. 培育新型职业农民就是培育新型经营体系的核心主体

今后中国农业的从业主体，从组织形态看就是龙头企业、家庭农场、合作社等，从个体形态看就是新型职业农民。因此，培育新型职业农民就是培育各类新型经营主体的基本构成单元和细胞，对于加快构建集约化、专业化、组织化、社会化相结合的新型农业经营体系，将发挥重要的主体性、基础性作用。

同时，从“三农”政策实施来看，要通过政策向真正从事农业生产经营的新型职业农民身上“倾斜”，充分调动农民从事农业和粮食生产的积极性，确保“三农”政策的实施效率和效果。

二、新型职业农民制度体系

培育新型职业农民，不是一项简单的教育培训任务，需要从环境、制度、政策等层面引导和扶持，重点是要构建包括教育培训、认定管理、扶持政策等相互衔接、有机联系的国家制度体系。

1. 教育培训

教育培训是新型职业农民培育制度体系的核心内容，这是由新型职业农民“高素质”的鲜明特征决定的，要做到“教育先行、培训常在”。对新型职业农民的教育培养应从三方面考虑：一是对种养大户等骨干对象，要通过教育培训使之达到新型职业农民能力素质要求；二是对经过认定的新型职业农民，要开展从业培训，使之更好地承担相关责任和义务；三是对所有新型职业农民，要开展经常性培训，使之不断提高生产经营能力。

2. 认定管理

认定管理是新型职业农民培育制度体系的基础和保障，只有通过认定，才能确认新型职业农民，才能扶持新型职业农民。一是明确认定条件；二是制定认定标准；三是实施动态管理。

3. 扶持政策

制定扶持政策是新型职业农民培育制度体系的重要环节，只有配套真正具有含金量的扶持政策，才能为发展现代农业、建设新农村打造一支用得着、留得住的新型职业农民队伍。主要包括土地流转、生产扶持、金融信贷、农业保险、社会保障等方面政策。

（1）大力培育新型职业农民，这是党中央国务院站在“三化”同步发展全局，解决未来“谁来种田”问题做出了重大决策，抓住了农业农村经济发展根本和命脉。

（2）发展现代农业呼唤培育新型职业农民。我国正处于传统农业向现代农业转化的关键时期，大量先进农业科学技术、高效率农业设施装备、现代化经营管理理念越来越多被引入到农业生产的各个领域，迫切需要高素质的职业化农民。然而，长期的城乡二元结构，农民是一种生活在农村、收入低、素质差的群体，是贫穷的“身份”和“称呼”，而不是可致富、有尊严、有保障的职业。在工业化、城镇化的发展进程中，农民一夜之间发现，“农民”一样可以到城市挣钱，特别是青年农民对在农村种田已经彻底放弃，虽然在城市扎不下根，但除非老了、干不动了，才会回到农村种田。另外，从农村出去的大中专学生，甚至农业院校毕业的，更是不愿意回到农村工作。如果不早作准备，及时应对，今后的农村将长期处于老龄化社会，“今后谁来种田”问题绝不是危言耸听。因此，我们必须未雨绸缪，真正要进行一系列制度安排和政策跟进，一方面引导优秀的人才进入农村，另一方面大力发展农民教育培训事业，培养新型职业农民。

(3) 对于新型职业农民，要加大政策扶持力度。要有一个强烈的信号，让他们有尊严、有收益、多种田、种好田。要通过规模种植补贴、基础设施投入、扶持社会化服务等来引导提高农民职业化水平。在政策上必须要从补贴生产向补贴“职业农民”转变，在制度上必须建立“新型职业农民资格制度”，科学设置“新型职业农民”资格的门槛。

(4) 培育新型职业农民呼唤大力发展农民教育培训事业。新型职业农民需要教育培训，教育培训可以加速推进新型职业农民成长。培养新型职业农民必须要根据不同层次需求，有针对性分类开展教育培训。一是要针对农业生产和农民科技文化需求，以农业实用技术为重点，广泛开展大众化普及性培训。充分利用广播、电视、互联网等媒体手段，将新品种、新技术、新信息，以及党的强农富民政策、农民喜闻乐见的健康娱乐文化编辑成教学资源送进千家万户、送到田间地头；组织专家教授、农技推广人员、培训教师将关键农时、关键生产环节的关键技术集成化、简单化，编辑成好看、易懂的明白纸，综合运用现场培训、集中办班、入户指导、田间咨询等多种方式，宣传普及先进农业实用技术，提高农民整体素质，使广大职业农民的知识和能力在日积月累中不断提高。二是要依托农民培训和农业项目工程，以规模化、集约化、专业化、标准化生产技术，以及农业生产经营管理、市场营销等知识和技能为主要内容，对广大青壮年农民、应往届毕业生免费开展系统的职业技能培训，使其获得职业技能鉴定证书或绿色证书。对有一定产业基础、文化水平较高、有创业愿望的农民开展创业培训，并通过系统技术指导、政策扶持和跟踪服务，帮助他们增强创业意识、掌握创业技巧、提高创业能力，不断发展壮大新型职业农民队伍。三是大力推进送教下乡，采取进村办班、半农半读等多种形式，将学生上来学变为送下去教，吸引留乡务农农民，特别是村组干部、经纪人、种养大户以及农村青年在家门口就地就近接受正规化、系统化职业教育。

三、加强新型职业农民培训

1. 我国新型农民培育中的问题

(1) 农村的整体基础薄弱。

首先，是农民自身问题。中国农民政治素质普遍偏低，民主法制意识淡薄。长期形成的封建保守的小农意识、重血亲的宗族意识以及其他的封建思想观念和传统习惯行为方式，在一定程度上阻碍了中国农村现代化建设的进程。另外，我国农民的受教育程度和水平和社会主义新农村建设的要求极不适应。据资料显示，当前我国农民平均受教育年限只有7.3年，与城市相差3年，全国92%的文盲、半文盲在农村。可见，过去农民的整体文化水平偏低，如果这部分农民直接从事农业生产劳动，很难操作先进的机械设备，更不可能通过采用新技术来创造更多的价值。

其次，新型农民培训的基础设施也比较薄弱。近年来，尽管各级政府与各部门都推出了种类繁多的新型农民培训项目，但大多数项目经费对维持培训教育日常经费都感到比较紧张，因此，对新型农民培训教育基础设施建设投入极少，农村基层教育培训条件非常薄弱，很多偏远农村基本没有培训设施，部分地区虽开展了一些培训项目但多流于形式，没有真正落到实处。

再次，高素质和高技能农民工严重短缺。由于农民整体文化程度，个人学习能力等自身因素的影响，制约着其对农业新技术、新知识的接受和应用能力。同时，近年来各地把农村劳动力转移作为一项农民增收的富民工程在不断推进，但转移出去的劳动力大多以青壮年并且文化层次相对较高的男性为主，使得留守下来从事农业生产的劳动者呈老龄化、妇女化、没文化的现象。农业劳动力后继乏人现象日益突出。

(2) 农村的教育经费投入不足，教育方式过于单一。

首先资金短缺是困扰农村基础教育的一大难题。虽然近年来我国政府为农村基础教育的资金短缺做出了一些努力，比如，2005年底，国务院出台了深化农村义务教育经费保障机制改革的重大决策；从2007年开始，在全国农村实行义务教育阶段中小学生全部免收学杂费。但是，我国农村基础教育投资不足、教育资源城乡分配不公的现象仍然很严峻。我国每年的教育经费投入占当年GDP的比例较低，世界各国的平均水平为4%，而我国一直徘徊在2.5%左右。在教育资源的分配上，国家每年几百亿的教育经费几乎全部用于城市，而广大农村则靠农民自己的力量办教育，如中央教育拨款的92%直接用于占人口30%的城市，而占人口70%的农村教育只得到8%的中央财政支持，其中用于职业教育和成人教育的投入就更少。另外，农村文化设施也投入不足，大部分农村由于没有文化活动设施，多数人只能以看电视、打扑克来消磨自己的业余时间，这就造成农村的文化设施投入不足，农民的精神文化生活难以提升。

另外培养方式过于整齐划一。没有对农村中老年人、青年、妇女群体等不同的人群进行分类，没有考虑其不同文化程度、不同群体的需求特点，对农村种养殖能手、农村经纪人及其他各类农技能手和经营管理人才都采用同一个培训模式，使得培养模式发生供求错位，难以受到农民欢迎，难以形成培养学习联动互动、跟踪反馈机制。一些地方考虑到培训经费，培训项目多是采用老师课堂讲授的形式，没有理论联系实践，这样的技能培训由于重培训、轻教育，重形式、轻内容，所以培训流于形式。

(3) 培训机制不健全，资源利用率低。

目前，全国还没有建立起统一的有效的培养新型农民的专用机构和网络，各地各级各部门负责培训任务，而政府在农民培训工作方面也没有制定出台相应的法律法规或其他的规范性文件，

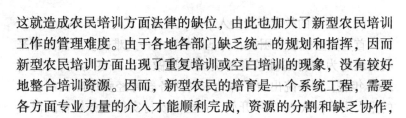

这就造成农民培训方面法律的缺位，由此也加大了新型农民培训工作的管理难度。由于各地各部门缺乏统一的规划和指挥，因而新型农民培训方面出现了重复培训或空白培训的现象，没有较好地整合培训资源。因而，新型农民的培育是一个系统工程，需要各方面专业力量的介入才能顺利完成，资源的分割和缺乏协作，影响了农民培训的实力和效率。

2. 深刻认识培育新型职业农民的重要性、紧迫性

（1）把培育新型职业农民放在三农工作中的突出位置加以落实。农村劳动力向城镇和二、三产业转移，是我国现代化进程的必然趋势。目前我国农业劳动力供求关系已进入总量过剩与结构性、区域性短缺并存新阶段，关键农时缺人手、现代农业缺人才、新农村建设缺人力的问题日显普遍。2012 年中央一号文件聚焦农业科技，着力解决农业生产力发展问题，明确提出大力培育新型职业农民；2013 年中央一号文件突出农业经营体制机制创新，着力完善农业生产关系，进一步强调加强农业职业教育和职业培训。新型职业农民是构建新型农业经营主体的重要组成部分，是发展现代农业、推动城乡一体化发展的重要力量，进一步增强农业农村发展活力关键在于激发农民自身活力。大力培育新型职业农民，有利于农民逐渐淡出身份属性，加快农业发展方式转变，促进传统农业向现代农业转型，加快发展现代农业必须同步推进农民职业化进程。各级农业部门要把培育新型职业农民作为重要职责，积极争取当地政府和有关部门的重视支持，将其放在三农工作的突出位置，坚持“政府主导、农民主体、需求导向、综合配套”的原则，采取更加有力的措施加以推动落实，培养和稳定现代农业生产经营者队伍，壮大新型生产经营主体。

（2）准确把握新型职业农民主要类型及内涵特征。从我国农村基本经营制度和农业生产经营现状及发展趋势看，新型职业农民是以农业为职业、具有一定的专业技能、收入主要来自农业

的现代农业从业者。大力培育新型职业农民是建设新型农业生产经营体系的战略选择和重点工程，是促进城乡统筹、社会和谐发展的重大制度创新，是转变农业发展方式的有效途径，更是有中国特色农民发展道路的现实选择。

（3）进一步明确新型职业农民培育试点工作的目标任务。培育新型职业农民是一项关系三农发展的基础性、长期性工作，是一个复杂的系统工程，要结合实际做好顶层设计，并大胆试验，积极探索路径和方法。试点工作主要包括三项基本任务。一是探索构建一套制度体系，包括教育培训制度、认定管理制度和扶持政策体系。通过试点，提出制度体系的基本框架和具体内容，力争在制度上有所创新，在政策上取得突破。二是培养认定一批新型职业农民。以“让更多的农民成为新型职业农民”为目标，以“生产更多更好更安全的农产品供给社会”为方向，针对重点对象开展系统教育培训，结合认定和扶持，加快培养一批从事现代农业生产经营的新型职业农民。三是建立一套信息管理系统。建立新型职业农民信息管理系统，是实施动态管理、开展经常性培训、提供生产经营服务、落实扶持政策的一项基础性工作。

（4）建立农民教育培训制度。要深入开展调查摸底工作，全面掌握当地农业劳动力状况，以生产经营型职业农民作为重点对象，根据不同类型新型职业农民从业特点及能力素质要求，科学制定教育培训计划并组织实施。要坚持生产经营型分产业、专业技能型按工种、社会服务型按岗位开展农业系统培训或实施农科职业教育，不能代之以一般的普及性培训或简单的“一事一训”。要尊重农民意愿、顺应务农农民的学习规律，采取“就地就近”和“农学结合”等灵活的方式开展教育培训。要围绕增强教育培训针对性和实效性，加强课程体系和师资队伍建设，创新教学方法，改进考核评价办法。要建立经常性培训制度，各地

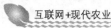

要着眼帮助新型职业农民适应农业产业政策调整、农业科技进步、农产品市场变化和提高农业生产经营水平，明确经常性培训的主要内容、方式方法、培训机构、经费投入和保障措施，建立与干部继续教育、工人岗位培训相类似的新型职业农民全员经常性培训制度。

(5) 积极探索农业后继者培养途径。在做好对现有务农农民教育培训工作的基础上，各地还要以保证农业后继有人为目标，开展农业后继者培养，研究制定相关政策措施，吸引农业院校特别是中高等农业职业院校毕业生回乡务农创业，支持中高等农业职业院校招录农村有志青年特别是专业大户、家庭农场主、合作社带头人的“农二代”，培养爱农、懂农、务农的农业后继者。要把回乡务农创业的大学生、青壮年农民工和退役军人等作为当前农业后继者培养重点，纳入新型职业农民教育培训计划。

(6) 构建新型职业农民教育培训体系。各地要切实加强农民教育培训体系建设，不断提高新型职业农民教育培训专业化、标准化水平。要统筹各类教育培训资源，加快构建和完善以农业广播电视学校、农民科技教育培训中心等农民教育培训专门机构为主体，中高等农业职业院校、农技推广服务机构、农业科研院所、农业大学、农业企业和农民合作社广泛参与的新型职业农民教育培训体系，满足新型职业农民多层次、多形式、广覆盖、经常性、制度化的教育培训需求。

(7) 加强对新型职业农民认定管理必要性的认识。开展新型职业农民认定工作，建立完整的数据库和信息管理系统，有利于统筹培养和稳定新型职业农民队伍，落实支持扶持政策；有利于实施动态管理，开展经常性培训和跟踪服务，帮助其提高生产经营水平，引导其更好地履行责任义务。要以生产经营型职业农民为重点，研究制定认定标准和管理办法，开展认定管理和信息档案建立工作。

(8) 明确新型职业农民认定管理的基本原则。新型职业农民认定管理是一项政策性很强的工作，要坚持以下基本原则：一是政府主导原则。由县级以上（含县级）人民政府发布认定管理办法，明确认定管理的职能部门。二是农民自愿原则。充分尊重农民意愿，不得强制和限制符合条件的农民参加认定，主要通过政策和宣传引导，调动农民的积极性。三是动态管理原则。要建立新型职业农民退出机制，对已不再符合条件的，应按规定及程序予以退出，并不再享受相关扶持政策。四是与扶持政策挂钩原则。现有或即将出台的扶持政策必须向经认定的新型职业农民倾斜，并增强政策的吸引力和针对性。

(9) 新型职业农民认定管理办法主要内容。认定管理办法中应明确认定条件、认定标准、认定程序、认定主体、承办机构、相关责任，建立动态管理机制。生产经营型职业农民是认定管理的重点，主要依据“五个基本特征”，充分考虑不同产业、不同地域、不同生产力水平等因素，分产业确定认定条件和标准。重点考虑三个因素：一是以农业为职业，主要从职业道德、农业劳动时间和主要收入来源等方面考虑；二是教育培训情况，根据我国国情农情和建设现代农业的要求，应考虑把接受过农业系统培训、农业职业技能鉴定或中等及以上农科教育作为基本认定条件；三是生产经营规模，以家庭成员为主要劳动力且不低于外出务工收入水平确定生产经营规模，并与当地扶持新型生产经营主体确定的生产经营规模相衔接。

(10) 加强扶持政策研究。主要研究扶持新型职业农民发展的政策措施，包括土地流转、农业基础设施建设、金融信贷、农业补贴、农业保险、社会保障等。要将现有的特别是新增的强农惠农富农政策向新型职业农民倾斜，形成清晰完整的扶持政策体系，涉及宏观或需要更高层次出台的扶持政策，应提出具体政策建议。

(11) 落实扶持政策。要将扶持新型职业农民的政策，特别是明确的扶持专业大户、家庭农场主、合作社带头人、社会化服务人员、农村实用人才的政策措施，细化落实到经过认定的新型职业农民，使种粮务农不吃亏、得实惠。要通过设立教育培训专项或争取农科职业教育资助政策等，落实教育培训经费，职业技能培训主要转向培训新型职业农民。

(12) 加强组织领导。要紧密结合当地实际，在新型职业农民培育的目标、任务、阶段进展、政策措施和组织管理等方面进行系统设计和整体规划。建立有农业、财政、发展改革、教育、人力资源和社会保障、金融、保险等部门参加的新型职业农民培育试点工作领导小组和试点工作季度调度制度，及时研究解决试点工作中出现的困难和问题，统筹协调推进试点各项工作。要细化试点任务，明确责任分工，并争取纳入相关职能部门年度工作目标进行考核。

(13) 加快试点进度。要加快推进试点各项工作，尽快选定一批教育培训对象，结合专项培训项目开展农业系统培训。按照认定标准，加快认定新型职业农民，落实相应的扶持政策，逐步发展壮大新型职业农民队伍，确保试点工作取得成效。

(14) 加强总结宣传。要及时总结好经验、好做法，宣传好的典型，营造新型职业农民成长的良好环境，加快形成全国新型职业农民培育各具特色、稳步推进的良好格局。

四、新型农民培育的思路与途径

1. 培育的理论路径

要建设社会主义新农村，实现农业和农村现代化，就必须培养出一批批高素质的新型农民，这样才能从过去只重视农村人口的数量所造成的巨大人口压力转化为重视人口质量的人力资源优势，形成推动新农村建设发展持续力量源泉。中央几代领导集体对农民问题都很重视。毛泽东同志率先提出了“严重的问题是教育农民”的著名论断，邓小平也认为普及农村基础教育是提高农民素质的主要途径，江泽民同志更是多次强调要努力提高农民的政治、思想、文化、科技等综合素质和创新能力，并指出要在农村普及九年制义务教育的基础上，大力发展农村职业技术和农村成人教育，并加强对农民的实用技术培训，为农村培养出大量急需的初中级技术人才和经营管理人才。以胡锦涛同志为代表的中央领导集体，更是十分重视农民教育问题，提出要培育有文化、懂技术、会经营的新型农民。习近平强调要锁定“三农”工作，把深入推进农业供给侧结构性改革作为新的历史阶段农业农村工作主线。

2. 培育的实践途径

（1）加快农村教育事业的发展，全面规划和完善农业教育体系，努力提高社会主义新农民的文化素质。培养社会主义新农民的根本举措和基础工程是发展农村教育事业，为此，应该加大对农村各类教育事业的全面投入，提高农村整体教育水平。首先，我们应该通过税收优惠、财政补贴等政策加大财政投入，充分调动民间与社会力量投资和参与农村职业教育的积极性，这样才能逐步形成以国家投资为主体、社会投入为补充的多元化投入格局，大力发展农村义务教育。其次，是要大力发展农村职业教育，提高农民的科技素质。另外，还要整合各类农民教育培训资源，确定农民教育培训事业发展的任务和工作重点，明确各有关部门的工作职责，提高农民教育培训工作的实效，从而完善农业教育体系。

（2）提高新型农民的科技素质必须加强农村劳动力技能培训。培训农民要因人制宜，有针对性的培训。农民科技水平和科技需求不同，必须进行分类科技指导。另外，农民工技能培训要有针对性、实用性，培训形式也要灵活多样。

(3) 加强农村信息化建设。随着农村信息体系建设的全面发展，农村地区很快地实现了“三通”即“公路村村通、电通、电话通”，但是这些还远远不够，利用互联网打造一条更为主动的信息渠道，让广大农民能够更直接更方便地获得信息。

(4) 提高农民的思想道德和文化素质。一是政府必须加强农村的思想道德建设。在思想建设上，要深入开展文明村、文明户评选等精神文明创建活动，推动乡风文明建设，调动农民群众，形成科学文明的健康生活方式的积极性和主动性。在道德建设上，政府要开展多种形式的道德建设活动。二是发展农村文化事业，加强文化建设，培养新型农民，必须大力加强农村精神文明建设的步伐，改变农村文化建设相对滞后、相对闭塞的局面，在加强教育和引导中提高农民的文化素质。三是加强农村基层政治民主建设，提高农民的民主意识和法制观念。除此之外，农村医疗条件长期以来都处于一个较低水平，这也极大地影响了广大农民的身体健康，不利于农业生产力的有效发挥。因而真正实现农民有病可医，有病敢医，有病能医，将会为国家工业化发展做出重大贡献。

总之，新型农民的培育是一个理论和实践相结合的视点，不仅要从理论上继续完善新型农民培育的内涵和外延，还要在实践中把新型农民的培训与社会主义新农村建设和社会主义和谐社会建设相结合，不断创新培训方式，丰富培训内容。

主要参考文献

安建，张穹，牛盾．2006. 中华人民共和国农产品质量安全法释义［M].北京：法律出版社．

白金明．2008. 我国循环农业理论与发展模式研究［D].中国农业科学院．

陈兴华．2009. 农业信息化的演变与对策［J].科技管理研究（7)：437-438.

代玉洋，白静静，贾兆颖．2015. 河北省生态农业旅游的发展现状及对策研究［J].乡村旅游（26）3：78-79.

邓燕萍，杜茂琼，赵静．2009. 中国农业信息化文献定量分析［J].图书馆理论与实践（1)：41-44.

丁杰，李莹，夏英成．2007. 发展农业信息服务业 推进农业信息化建设［J].现代情报，27（11)：61-62.

杜相革．2006. 有机农业导论［M].北京：中国农业大学出版社．

樊长科，吴雨．2010. 我国都市农业发展现状及问题研究［J].商业时代（27)：113-114.

葛永红，王亮．2009. 我国都市农业的发展模式研究［J].经济纵横（2)：87-89.

谷春梅．2006. 我国农业信息化存在的问题与对策［J].现代情报，26（12)：53-54.

管媛辉．2006. 基于农业信息系统教学研究［J].农业与技术（8)：22.

贺文慧，杨秋林 . 2006. 国外农村信息化投资发展模式对中国的启示［J］.世界农业（4）：18-20.

胡大平，陶飞 . 2005. 农村信息化的基本内涵及解决对策［J］.科技进步与对策，22（3）：159-161.

胡晋源 . 2007. 农民主体地位视角下新农村信息化建设策略研究［J］.农业现代化研究，28（5）：575-578.

蒋黎，江晶 . 2014. 京津冀都市农业的发展现状与战略选择［J］.农业经济与管理（5）：32-39.

金发忠 . 2007. 农品产品质量安全概论［M］.北京：中国农业出版社 .

喇娟娟，张学军，郝晓薇 . 2008. 推进农村信息化服务新农村建设［J］.科技管理研究，28（6）：217-218.

李海胜，李勇 . 2016. 农村信息化基础教程［M］.郑州：中原农民出版社 .

李曼 . 2009. 基于社会资本理论的农村信息化发展研究［J］.科技进步与对策，26（18）：56-59.

李敏 . 2008. 陕西省农村信息化发展研究［D］.咸阳：西北农林科技大学 .

李尚民 . 2008. 新农村建设中的农业信息化问题探析［J］.河北农业科学，12（10）：136-137.

李应博 . 2005. 我国农业信息服务体系研究：［D］.北京：中国农业大学 .

刘建华 . 2008. 无公害农产品认证现状及发展的理性思考［J］.中国农业资源与区划，29（5）：72-75.

刘金爱 . 2009. 我国农业信息化发展的现状、问题与对策［J］.现代情报，29（1）：61-63.

刘西涛，王炜 . 2016. 现代农业发展政策研究［M］.北京：中国财富出版社 .

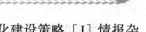

龙从霞 . 2009. 欠发达山区农村信息化建设策略 [J].情报杂志，28（2）：187-189.

母爱英，何恬 . 2014. 京津冀循环农业生态产业链的构建与思考 [J].河北经贸大学学报（6）：120-123.

单玉丽 . 2010. 台湾农业的信息化管理及启示 [J].农业经济问题（1）：18-22.

舒桂珍 . 2007. 农村信息化服务的创新与保障机制 [J].求索（11）：73-74.

孙艺冰 . 2013. 都市农业发展现状与潜力研究 [D].天津：天津大学 .

万忠，郑业鲁，望勇 . 2008. 国内外农村信息化比较分析 [J].南方农村（1）：21-24.

王丹，王文生，闵耀良 . 2006. 中国农村信息化服务模式选择与应用 [J].世界农业（8）：18-20.

王利民，陈道江 . 2006. 农业信息化：发展现状与对策思考 [J].农业网络信息（3）：4-6.

王振，张越杰 . 2009. 关于加快我国农业信息化建设的思考 [J].经济纵横（5）：42-44.

吴大付，王锐，李勇超 . 2014. 现代农业 [M].北京：中国农业科学技术出版社 .

许爱萍，朱红 . 2004. 农业信息化测度指标体系研究 [J].情报杂志，23（004）：46-47.

杨成洲，余璇，何树燕 . 2009. 对加快我国农业和农村信息化建设的整体思考 [J].农业经济（3）：3-5.

杨诚 . 2009. 我国农村信息化政策的演进与完善 [J].现代情报，29（3）：42-46.

杨洪强 . 2009. 无公害农业 [M].北京：气象出版社 .

杨卿 . 2008. 关于实现我国都市农业可持续发展的思考 [J].

商业时代（34）：93-94.
张忠德 . 2009. 美、日、韩农业和农村信息化建设的经验及启示［J］.科技管理研究（10）：279-281.
赵继海，张松柏，沈瑛 . 2002. 农业信息化理论与实践［M］.北京：中国农业科学技术出版社 .
赵燕杰，李海燕 . 2006. 我国农村基础设施对农业信息化发展的制约与对策分析［J］.现代情报，26（12）：55-56.
钟卫华，谢志忠 . 2007. 我国农业信息化研究综述［J］.安徽农学通报（13）：15.
周娟枝 . 2013. 现代农业发展趋向判别及其机制构建研究［D］.青岛：中国海洋大学 .
周应萍 . 2009. 对推进农村信息化建设的探讨［J］.现代情报，29（3）：56-58.
周运煌 . 2016. 互联网+：落地下的新商业模式［M］.北京：中国言实出版社 .
朱玉春 . 2005. 我国农业信息化建设的问题与策略研究［J］.生产力研究（2）：31-33.